黄河万家寨水库
防凌运用方式研究

翟家瑞　金双彦　熊运阜　刘吉峰　等著

U0253232

黄 河 水 利 出 版 社
·郑 州·

内 容 提 要

本书根据万家寨水库运用后的凌汛实况,结合水库防凌调度经验,介绍了水库运用对库区及水库下游河段凌汛的影响,分析了万家寨水库入库水文站头道拐凌汛期小流量过程变化及影响因素,对万家寨水库冰凌数学模型的建立进行了探索性研究,分析了库区淤积形态的变化,概括性地介绍了北方河流上水库建设对其上下游凌汛的影响,并提出了水库防凌运用方式的建议。本书特色在于理论与生产紧密结合,既注重冰凌的冻融和输移规律,又强调凌汛的水库优化调度。

本书可供从事防汛、水力学等专业的科技工作者学习、参考,也可作为大专院校相关专业的参考书。

图书在版编目(CIP)数据

黄河万家寨水库防凌运用方式研究/翟家瑞等著. —郑州:黄河水利出版社,2013.10
ISBN 978 - 7 - 5509 - 0421 - 7

Ⅰ.①黄… Ⅱ.①翟… Ⅲ.①黄河 - 水库 - 防凌 - 研究 Ⅳ.①TV875

中国版本图书馆 CIP 数据核字(2013)第 015581 号

出　版　社:黄河水利出版社
　　　　　地址:河南省郑州市顺河路黄委会综合楼 14 层　　邮政编码:450003
发行单位:黄河水利出版社
　　　　　发行部电话:0371 - 66026940、66020550、66028024、66022620(传真)
　　　　　E-mail:hhslcbs@ 126. com
承印单位:黄河水利委员会印刷厂
开本:787 mm × 1 092 mm　1/16
印张:12.25　　　　　　　　　　　　　插页:2
字数:283 千字　　　　　　　　　　　印数:1—1 000
版次:2013 年 10 月第 1 版　　　　　　印次:2013 年 10 月第 1 次印刷
定价:80.00 元

黄河万家寨水利枢纽

2009年1月，黄河冰凌将壶口瀑布完全覆盖

2010年1月，在黄河小北干流河段上首15 km的河道内，形成约60 km²的大面积堆冰，最高达2 m

2010年1月，黄河冰凌致使河水壅高，造成山西小北干流河段工程出险，滩地上水

前　言

万家寨水利枢纽位于黄河中游上段,上距黄河上游与中游的分界处河口镇 104 km。坝址左岸为山西省偏关县,右岸为内蒙古自治区准格尔旗。坝顶高程 982 m(黄海高程,下同),水库总库容 8.96 亿 m³,调节库容 4.45 亿 m³。设计水库最高蓄水位 980 m,正常蓄水位 977 m,防汛限制水位 966 m。万家寨水库主要任务是供水、发电,兼有防洪、防凌作用。水库于 1998 年 10 月 1 日下闸蓄水。

万家寨水库运用以后,凌汛期库区及库尾部分河段由原来的不完全封冻变为每年冬季的完全封冻,封开河关键期容易形成冰塞、冰坝,出现凌汛灾害;如果水库凌汛期泄流不稳定,河道流量波动大,也极易造成下游河段卡冰结坝,产生严重凌灾。

万家寨水库运用初期,由于库区内蒙古河段和坝下游的河曲河段出现了一些严重的凌汛灾害,给万家寨水库防凌调度带来较大影响。为了优化万家寨水库凌汛期运用,减轻凌汛灾害,提高水库综合运用效益,黄河防汛抗旱总指挥部办公室与黄河万家寨水利枢纽有限公司、内蒙古自治区防汛抗旱办公室和山西省防汛抗旱办公室等有关单位于 2000 ~ 2001 年开展了"黄河万家寨水库凌汛期运用方式研究",主要完成人员有翟家瑞、胡一三、赵咸榕、郝守英、钱云平、可素娟、金双彦等。这次研究利用万家寨水库运用初期的 3 年实测资料,结合其他水库防凌运用经验,得出的主要结论有:①分析给出了影响万家寨库区冰塞、冰坝的因素;②在当时库区移民高程 984 m 的情况下,凌汛期水库不能按原设计方式运用,为了减轻库区凌汛灾害,提高水库综合效益,应尽快把原来的 984 m 的移民高程提高至 987 m,且不宜安置在 990 m 以下;③万家寨水库防凌运用水位,需根据库区内蒙古河段凌汛情况,按照"封河发展期—稳封期—开河期",库水位分别采用"较低水位—高水位—低水位"的运用方式,并加强观测,实行逐年提高;④为保证坝下河曲河段的防凌安全,下游封河期间,水库下泄流量一般不要超过 1 000 m³/s,并尽量保持平稳,避免忽大忽小;⑤加强库区泥沙淤积观测,结合库水位的降低,适时开展水库排沙,防止库尾泥沙淤积;⑥加强与防汛部门及下游天桥水电站等单位的沟通协调。以上研究成果已被防汛与枢纽管理单位采纳,并一直用于指导万家寨水库每年的防凌工作。

随着内蒙古河道的不断淤积恶化,万家寨水库各阶段运用水位的逐渐抬高,以及河道其他边界条件变化等因素的影响,近年来黄河上中游河段凌汛又出现了一些新情况,主要表现在下述两个方面:一是内蒙古河段封河后,头道拐断面出现小流量过程的持续时间明显延长,从而增大了内蒙古河段凌汛期的槽蓄水增量,加大了防凌压力;二是万家寨水库下游的北干流河段凌情发生了较大变化,在禹门口河段和壶口河段多次出现凌灾。因此,黄河水利委员会与万家寨水利枢纽有限公司在 2009 ~ 2011 年又开展了"万家寨水库运用对凌汛的影响及其优化调度研究"。第二次研究工作是在翟家瑞的组织与技术指导下完成的,主要完成人员包括:黄河水利委员会防汛办公室的魏向阳、魏军,黄河水利委员会水文局的王玲、霍世青、钱云平、金双彦、刘吉峰,黄河水利科学研究院的李书霞、张晓华,黄河万家寨水利枢纽有限公司的熊运阜、路新川,以及清华大学的茅泽育、袁婧,等等。本次研究的主要成果有:①全面分析了头道拐断面小流量变化的规律和影响因素;②黄河北干流河段凌汛与万家寨水库的关系;③万家寨库区泥沙淤积变化,并对今后刘家峡、万家寨等水库凌汛期的调度运用方式提出了建设性的意见。

本书是在两次研究成果的基础上,通过整理提炼和系统总结,使其能在黄河防凌中发挥更大作用,同时方便国内外同行进行交流,供其他水库防凌调度时参考和借鉴。在此,向参加两次项目研究的所有人员表示衷心感谢!

需要特别指出的是,在这两次的研究中,均得到黄河水利委员会副主任廖义伟、苏茂林两位领导的大力支持和技术指导,在此一并表示感谢!

本书共分8章,主要内容为:第1章概述了万家寨水利枢纽基本情况和万家寨水库建库以来的运用方式;第2章分析了万家寨水库运用初期对上下游河段凌情的影响,提出了万家寨水库运用的原则和方式;第3章论述了黄河头道拐断面凌汛期小流量过程影响因素;第4章分析讨论万家寨水库运用对北干流河段的影响;第5章分析研究了万家寨水库淤积形态;第6章利用冰凌数学模型模拟了库水位运用对头道拐至万家寨大坝水位流量过程的影响;第7章为水库防凌调度,介绍了黄河上中游主要防凌水库情况,以及为保证宁蒙河段及小北干流河段防凌安全需采取的防凌运用方式;第8章为主要结论与建议,以及高纬度地区的一般水库对库区及下游河段凌汛的影响和防凌调度运用原则。

万家寨水库凌情受上游来水、河道条件、气候变化等诸多因素影响,演变过程复杂多变,故万家寨水库凌汛期运用方式研究是一个重大课题,且万家寨水库运用时间较短,水库运行数据和经验均有不足。此外,随着气候波动、人类活动、水库淤积等不断调整和变化,还有很多新情况、新问题需要进一步的深入研究。因此,作者对水库防凌运用方面的研究仍需丰富、完善,加之作者水平有限,书中难免存在不妥之处,恳请广大读者批评指正。

作　者

2012 年 10 月于郑州

目　录

第1章 万家寨水利枢纽概况

万家寨水利枢纽位于黄河中游北干流上段托克托至龙口峡谷河段内。万家寨大坝位于东经111°26′、北纬39°34′,上距黄河上中游分界处托克托县河口镇断面104 km,距头道拐水文站114 km,下距天桥水电站97 km;坝址左岸为山西省偏关县,右岸为内蒙古自治区准格尔旗。万家寨水库集水面积为394 813 km²,约占黄河流域面积的52.47%,其中干流入库站头道拐水文站控制流域面积367 898 km²。坝址以上14 km处有支流杨家川汇入,流域面积1 002 km²;坝址以上57 km处有红河(也称浑河)汇入,流域面积5 533 km²;坝址以上104.5 km处有大黑河流入,流域面积17 673 km²。万家寨水利枢纽地理位置见图1-1。

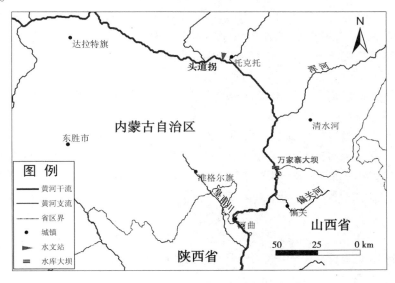

图1-1 黄河万家寨水利枢纽地理位置

1.1 枢纽概况

1.1.1 自然环境

1.1.1.1 气候特点

万家寨水库库区地处干旱半干旱区,主要受温带大陆性气候影响,冬季时间较长,春秋短促,四季分明。冬季主要受蒙古高压控制,多西北风,气候寒冷干燥;夏季受暖湿气流影响,降水较多。

万家寨水利枢纽附近多年平均降水量为400 mm(河曲气象站1961~2005年),降水年际和年内变率都很大。最大年降水量为 715 mm（1967 年），最小年降水量仅 211 mm（1965 年），最大日降水量可达 100 mm 以上（1994 年 7 月 7 日）。降水主要集中在夏季，且多短历时暴雨，7 月、8 月降水占全年降水的 50% 以上；冬季降水稀少，仅占全年降水的 2% 左右。万家寨库区夏季常发生局部强对流性暴雨，范围小、强度大、历时短，容易形成洪水灾害。

万家寨水利枢纽附近多年平均气温为 8.2 ℃（河曲气象站 1961～2005 年），气温年变幅和日变幅均很大。年平均气温最高为 9.7 ℃（1965 年），年平均气温最低为 6.5 ℃（1986 年）；最高日平均气温为 31.8 ℃（1971 年 7 月 19 日），最低日平均气温为 −25.2 ℃（1998 年 1 月 18 日）。万家寨库区地处内陆腹地，邻近毛乌素沙漠，气候干燥，风沙较大，蒸发能力强，年水面蒸发量在 2 000 mm 以上。

1.1.1.2 水文特征

万家寨水库的入库站为距坝 114 km 的头道拐水文站。该站多年平均径流量为 211 亿 m³（1952～2010 年），最大年径流量为 437 亿 m³（1967 年），最小年径流量为 102 亿 m³（1997 年），年径流量主要集中在 7～10 月，占全年径流总量的 50%。根据黄河水利委员会水文局研究成果，头道拐水文站 1956～2000 年多年平均年天然径流量为 331.7 亿 m³。万家寨库区河段主要支流有浑河和杨家川。浑河上有放牛沟水文站，控制流域面积为 5 461 km²，1954 年设站，1977 年 6 月改为汛期水位站，该站实测最大流量为 5 830 m³/s，历年水位流量关系稳定。杨家川没有水文资料。在头道拐水文站下游 9.5 km 处有太黑河汇入，冬季基本无水汇入。

万家寨坝址的输沙量一部分来自河口镇以上，另一部分来自河口镇至万家寨区间所产生的泥沙。根据黄河勘测规划设计有限公司提出的河口镇站来水量与输沙量月相关线，计算河口镇站 1955～1986 年各月输沙量。经过支流浑河放牛沟站的侵蚀模数修正后，推算出河万区间（河口镇至万家寨区间）输沙量，将这两部分相加，得出万家寨河段 1955～1986 年各月平均输沙量。河口镇实测年输沙量为 1.41 亿 t，实测多年平均含沙量为 5.7 kg/m³。河口镇设计年输沙量为 1.08 亿 t，河万区间设计年输沙量为 0.41 亿 t，万家寨坝址设计年输沙量为 1.49 亿 t，设计含沙量为 6.6 kg/m³[1]。

1.1.1.3 工程地质

万家寨水利枢纽两岸地层为寒武系和奥陶系碳酸盐岩。库区左岸岩溶地下水位高于库水位，补给库水；库区右岸岩溶地下水位较正常库水位低 90～100 m。右侧渗漏是水库的主要工程地质问题。渗漏形势为岩溶裂隙式渗漏，近岸 2 km 地带，在水库蓄水后仍保持较陡的水力坡度，为库水入渗区。远离岸边地带，在水库蓄水后水位抬高有限，基本保持原来的低缓状态，低缓带即为库水入渗的直接排泄区。根据边界条件估算，库区右岸岩溶渗漏在最高蓄水位 980.00 m 时，总渗漏量最大值为 10.63 m³/s，最小值为 4.41 m³/s，平均值为 6.85 m³/s。

1.1.2 库区形态

万家寨水库是一座峡谷型水库，库区两岸陡峻，大部分断面呈 U 形，平均库面宽为 350 m 左右，见图 1-2。干流入库站头道拐水文站以上的黄河内蒙古河段属平原型河道，

图1-2 万家寨水库库区河道示意图

河床平均比降0.114‰。头道拐到拐上(水库设计回水末端)河段是平原型河道向山区型河道的过渡段,其中:头道拐—大石窑河段长约31 km,河床比降0.112‰;大石窑—拐上河段长10.8 km,河床比降0.133‰。拐上以下的库区河道长72 km,为山区型河道,河道狭窄,比降大,天然河道平均比降1.07‰。

库区狭窄多弯,甚至还存在Ω形的弯道。坝上58 km处牛龙湾为一S形弯道,其间河道断面宽度、河床比降变化大,加上有浑河入口及铁路桥,特殊的地形条件使冰凌在此下泄不畅,极易卡冰结坝,造成严重壅水现象。

1.1.3　水库设计

万家寨水库于1998年10月下闸蓄水,1998年12月初第一台机组正式并网发电,2000年12月6台机组全部建成投产。万家寨水利枢纽的主要任务是供水结合发电调峰,兼有防洪、防凌作用。万家寨水利枢纽属Ⅰ等大(1)型工程,设计洪水标准为1 000年一遇,校核洪水标准为10 000年一遇。水库总库容8.96亿 m^3,调节库容4.45亿 m^3,最高蓄水位980 m,正常蓄水位977 m。年供水量14亿 m^3,其中向内蒙古自治区准格尔旗供水2亿 m^3,向山西省供水12亿 m^3。万家寨水利枢纽基本特征见表1-1。

表1-1　万家寨水利枢纽基本特征

编号	分类	名称	数量或特征	说明
1	水库水位	最高蓄水位	980 m	
		正常蓄水位	977 m	
		校核洪水位	979 m	
		设计洪水位	974 m	
		防洪限制水位	966 m	
		排沙期最高运用水位	957 m	
		排沙期最低运用水位	952 m	
		冲刷水位	948 m	
2	最高蓄水位时的水库面积		28.11 km²	
3	回水长度		72.34 km	
4	水库容积	总库容(最高蓄水位以下)	8.96亿 m^3	原始库容
		调洪库容	3.02亿 m^3	
		调节库容	4.45亿 m^3	
		死库容	4.51亿 m^3	相应水位960 m
5	下泄量	设计洪水位时的最大下泄量	7 899 m^3/s	表孔不参加泄洪
		校核洪水位时的最大下泄量	8 326 m^3/s	表孔不参加泄洪

编号	分类	名称	数量或特征	说明
6	流域面积	坝址以上	394 813 km²	
		河口镇到万家寨区间	8 847 km²	
		支流杨家川	1 002 km²	入库口距坝址 14 km
		支流浑河	5 533 km²	入库口距坝址 57 km
		支流大黑河	17 673 km²	在河口镇上游入黄河
7	径流量	多年平均年径流量(实测)	248 亿 m³	河口镇水位站实测
		多年平均年径流量(设计)	192 亿 m³	
8	代表性流量	多年平均流量(实测)	790 m³/s	
		多年平均流量(设计)	621 m³/s	
		实测最大流量	5 310 m³/s	河口镇水位站实测
		调查历史最大流量	11 400 m³/s	1969 年
		设计洪峰流量($P=0.1\%$)	16 500 m³/s	
		校核洪峰流量($P=0.01\%$)	21 200 m³/s	
9	洪量	实测最大洪量(15 d)	64.40 亿 m³	河口镇水位站实测
		设计洪量(15 d)	102.08 亿 m³	
		校核洪量(15 d)	125.51 亿 m³	

万家寨水利枢纽由拦河坝、泄水建筑物、坝后式电站厂房等建筑物组成。拦河坝为混凝土直线重力坝,坝顶高程 982 m,坝顶长 443 m,最大坝高 105 m。泄水建筑物位于河床左侧,包括 8 个 4 m×6 m 的底孔,底坎高程 915 m;4 个 4 m×8 m 的中孔,堰顶高程 946 m;1 个 14 m×10 m 的表孔,堰顶高程 970 m;5 个出口为 1.4 m×1.8 m 的排沙孔,坎底高程 912 m。电站厂房位于河床右侧拦河坝之后,单机单管引水,压力钢管直径 7.5 m,厂房内装有 6 台水轮发电机,单机容量 18 万 kW。水库泄水、引水建筑物布设尺寸见表 1-2。

表 1-2 万家寨水库泄水、引水建筑物布设尺寸

项目	排沙孔	底孔	中孔	表孔	引黄取水口	工业取水口	电站取水口
进口底部高程(m)	912	915	946	970	948	945.55~967.55	932
进口尺寸(m×m)	3×2.4	4×6	4×8	14×10	4×4	1.4×1.6	7.5×8.5
孔数	5	8	4	1	2	4	6
所在坝段	13~17	5~8	9~10	4	2~3	18	12~17

枢纽工程挡水建筑物按 1 000 年一遇洪水设计和 10 000 年一遇洪水校核,同时进行了枢纽挡水建筑物按 500 年一遇洪水设计和 5 000 年一遇洪水调洪计算。10 000 年一遇

洪水和 5 000 年一遇洪水的洪峰分别为 21 200 m³/s 和 19 800 m³/s 时,调洪后的校核洪水位相应为 979.1 m 和 977.79 m,其相应最大泄量分别为 8 326 m³/s 和 8 086 m³/s。万家寨水库水位、面积、库容和泄量关系见表1-3。

表 1-3　万家寨水库水位、面积、库容和泄量关系

高程 (m)	面积 (km²)	原始库容 (亿 m³)	底孔泄量 (m³/s)	中孔泄量 (m³/s)	表孔泄量 (m³/s)	总泄量 (m³/s)
940.00	10.35	1.78	430			3 440
941.00	10.66	1.89	440			3 520
942.00	11.07	2.00	450			3 600
943.00	11.77	2.10	460			3 680
944.00	12.02	2.22	466			3 728
945.00	12.19	2.32	476			3 808
946.00	12.73	2.45	480	0		3 840
947.00	13.16	2.57	490	8		3 952
948.00	13.54	2.70	500	20		4 080
949.00	14.18	2.83	506	34		4 184
950.00	14.56	2.95	516	44		4 304
951.00	14.82	3.10	520	70		4 440
952.00	15.11	3.24	530	90		4 600
953.00	15.29	3.38	540	120		4 800
954.00	15.81	3.54	550	140		4 960
955.00	16.09	3.69	560	170		5 160
956.00	16.56	3.86	566	208		5 360
957.00	16.87	4.03	570	248		5 552
958.00	17.18	4.20	580	290		5 800
959.00	17.51	4.38	584	340		6 032
960.00	18.00	4.54	592	380		6 256
961.00	18.33	4.73	600	400		6 400
962.00	18.67	4.92	604	420		6 512
963.00	19.16	5.10	610	440		6 640
964.00	19.64	5.28	620	460		6 800
965.00	19.89	5.47	624	470		6 872
966.00	20.36	5.66	630	490		7 000

高程 (m)	面积 (km²)	原始库容 (亿 m³)	底孔泄量 (m³/s)	中孔泄量 (m³/s)	表孔泄量 (m³/s)	总泄量 (m³/s)
967.00	20.87	5.87	636	506		7 112
968.00	21.20	6.08	644	520		7 232
969.00	21.55	6.28	650	540		7 360
970.00	22.02	6.48	656	550	0	7 448
971.00	22.40	6.71	662	560	30	7 566
972.00	22.89	6.94	668	572	70	7 702
973.00	23.38	7.17	676	580	114	7 842
974.00	24.00	7.40	680	600	194	8 034
975.00	24.79	7.64	684	610	280	8 192
976.00	25.22	7.90	692	620	388	8 404
977.00	25.97	8.16	700	630	490	8 610
978.00	26.53	8.43	704	640	610	8 802
979.00	27.59	8.70	710	652	710	8 998
980.00	28.60	8.96	720	660	860	9 260

1.1.4　测验断面

为了满足库区水文泥沙动态监测的需要,万家寨水库库区及库尾河道内共设立了永久性淤积测验断面 89 个,其中从坝前到大坝上游 107 km 范围内的黄河干流上设立了 73 个(WD01 ~ WD72 及大沟口断面),杨家川、黑岱沟、龙王沟和浑河等 4 条支流上共计 16 个。1999 年 10 月后将黄河干流上的测验断面精简为 43 个(见图 1-3、表 1-4)。

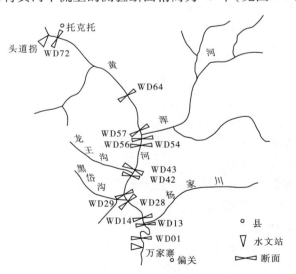

图 1-3　万家寨水库库区泥沙淤积测验断面分布简图

表 1-4 万家寨水利枢纽已有泥沙冰情观测断面表

序号	断面编号	距坝里程（km）	序号	断面编号	距坝里程（km）	序号	断面编号	距坝里程（km）
1	WD01	0.69	18	WD40	38.34	33	WD62	65.92
2	WD02	1.76	19	WD42	41.02	34	WD63	67.55
3	WD04	3.93	20	WD43	42.37	35	WD64	69.85
4	WD06	6.58	21	WD44	43.08		喇嘛湾	72.00
5	WD08	9.14	22	WD46	44.90	36	WD65	72.26
6	WD11	11.70	23	WD50	48.96	37	WD66	74.08
7	WD14	13.99	24	WD52	52.13	38	WD67	76.60
8	WD17	17.09	25	WD54	55.16	39	WD68	81.52
9	WD20	20.09	26	WD55	55.91		章盖营	82.00
10	WD23	22.45	27	WD56	56.63	40	WD69	86.17
11	WD26	25.31		岔河口	57.00	41	WD70	91.90
12	WD28	27.27	28	WD57	57.30		蒲滩拐	92.00
13	WD30	28.91	29	WD58	58.47	42	WD71	99.43
14	WD32	30.51	30	WD59	59.73		巨合滩	102.5
15	WD34	32.36	31	WD60	61.45	43	WD72	106.15
16	WD36	35.04		水泥厂	63.00		麻地壕	113.00
17	WD38	37.15	32	WD61	63.74			

1.1.5 防凌措施

万家寨水利枢纽上游的内蒙古河段,冬季气温下降,河道出现流凌并封冰;春季天气转暖,逐渐解冻开河。在此两个时期,有流冰进入万家寨库区。

万家寨水利枢纽的设计防凌措施主要是调节冰期运用水位,使上游来冰蓄入万家寨水利枢纽库区,并以不影响拐上断面为准。在冬季流凌封冻期,有大量冰花流入库区,在封冻前的流凌时段,保持库水位在 975 m 以下。入库流凌比降保持在 3‰～12‰,便于流凌顺利入库。另外,采取降低水位预留一定库容纳冰,则冰凌蓄于库内将不致影响拐上及上游河道。待上游河道稳定封冻后,视具体情况,再适当提高水库运行水位。在春季开河前,采取迅速升降水位的方法,促使水库盖面冰破坏和融化,水位降至 970 m 以保持正常发电。这样 970～980 m 之间有 2.4 亿 m^3 库容,可作临时调蓄冰量[2]。

万家寨水利枢纽的建成和运用,使枢纽电站的出流水温有所提高,对下游天桥水电站和龙口水利枢纽的防凌较为有利。

1.2　万家寨水库的运用方式

1.2.1　水库原设计运用方式

万家寨水利枢纽调度采取"蓄清排浑"的运用方式,水库水位除满足泥沙冲淤要求外,还应满足发电、防洪和防凌的要求。设计调度运用方式如下:

每年9月为排沙期,水库保持低水位运行。当入库流量小于800 m³/s时,库水位控制在952～957 m,进行日调节发电调峰;当入库流量大于800 m³/s时,库水位保持在952 m运行,电站转为基荷或弃水带峰;当水库淤积严重,难以保持日调节库容时,在流量大于1 000 m³/s的情况下,库水位短期降至948 m冲沙。

汛期的7月16日至10月15日,库水位不超过防洪限制水位966 m。10月下半月逐渐蓄高,至10月底蓄水达到970 m,以使水轮机能够发满出力。若预报河口镇有洪水,则在洪水前库水位仍降至966 m以下。

11月至翌年2月底,最低库水位970 m。在内蒙古河段开始封冻时,有约半个月的小流量过程,为保证正常发电,水库需调节部分水量,但在封冻之前库水位不超过975 m;待上游河道封冻以后,再无大量冰花进入库区时可提高水库水位,但为了防止非汛期泥沙淤积上延,此时库水位最高不应超过977 m。

3～4月初是内蒙古河段开河流凌期,为促使水库尾部盖面冰解体,便于上游流冰进入库内,应降低水位至970 m。春季流凌结束后即可蓄水到977 m,4月底前蓄水至980 m。5～7月15日供水期水位由980 m逐渐降到防洪限制水位966 m,至7月底降至排沙期运用水位。

1.2.2　水库建成后运行情况

万家寨水库于1998年10月1日下闸蓄水,10月底蓄水到941.7 m,11月底到959.5 m,12月在960 m左右。

水库运用初期,1998年11月至2001年10月,水库运行水位较低,平均水位为961.2 m,且水位波动较大。水库在950～970 m运行天数占总运行天数的88%,开河期有12 d库水位运行在950 m以下。2002～2010年(运用年,以下各年份皆指水库运用年),各阶段运用水位逐年适当抬高,多年平均水位为969.19 m,有1 554 d在970 m以上运行,占总运行天数的49%。各阶段运用水位如下:4～6月运行水位较高,一般高于970 m,最高月平均水位达到了977.23 m(2010年6月);汛期来水来沙偏枯,相应运行水位较设计值高,8～10月在960～975 m运行,汛期最高月均水位达974.25 m(2010年9月);稳定封河期库水位保持在965～975 m,开河期一般降到965 m以下。2006～2010年,开展利用桃汛洪水冲刷降低潼关高程试验以来,开河期库水位一般降至955 m以下,最低降至952.03 m(2010年3月31日)。1999～2010年各月平均水位见表1-5和图1-4。

表 1-5　万家寨水库 1999~2010 年各月平均水位　　　　　　　　　　　　　（单位:m）

年份	月平均水位												年平均水位
	11 月	12 月	1 月	2 月	3 月	4 月	5 月	6 月	7 月	8 月	9 月	10 月	
1999	950.14	959.23	959.64	958.03	951.09	960.25	961.82	961.42	960.93	965.95	968.77	967.50	960.40
2000	964.04	956.87	957.95	960.26	952.24	969.16	959.46	959.73	958.77	960.04	962.03	956.49	959.75
2001	958.09	959.79	961.96	961.70	959.90	972.93	972.07	960.15	952.75	959.52	969.55	972.91	963.44
2002	966.43	960.85	965.22	963.80	970.99	976.56	975.46	970.40	962.29	960.44	967.74	960.21	966.70
2003	962.26	961.03	963.96	969.45	965.47	976.73	975.46	970.49	961.45	963.96	966.48	970.76	967.29
2004	971.00	967.77	972.62	968.51	966.96	976.57	975.72	976.15	962.34	964.27	969.01	970.29	970.10
2005	971.99	969.07	968.25	973.43	965.19	975.13	973.19	973.46	964.02	963.82	968.31	971.81	969.81
2006	966.94	967.94	971.59	972.75	964.31	971.57	970.85	968.81	961.09	963.64	971.65	964.24	967.95
2007	962.16	969.96	972.51	972.13	966.82	975.58	976.52	973.04	963.43	964.60	972.11	972.58	970.14
2008	972.08	969.90	970.04	971.00	968.65	976.26	969.40	973.21	960.80	964.00	967.21	973.77	969.70
2009	972.66	966.80	973.18	971.00	963.50	975.38	973.22	974.32	965.07	965.52	973.58	972.40	970.55
2010	972.22	970.07	968.82	971.51	967.45	970.09	974.75	977.23	964.01	966.11	974.25	969.14	970.47
最高	972.66	970.07	973.18	973.43	970.99	976.73	976.52	977.23	965.07	966.11	974.25	973.77	970.55
最低	950.14	956.87	957.95	958.03	951.09	960.25	959.46	959.73	952.75	959.52	962.03	956.49	959.75

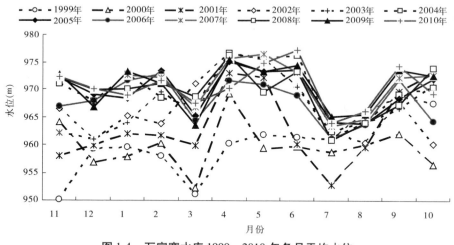

图 1-4　万家寨水库 1999~2010 年各月平均水位

　　水库运行以来,实际运用情况与初步设计拟定的运用方式有较大的差异,主要有以下几方面:

　　(1)水库处于拦沙运用初期,有较大的死库容没有淤满,还没有完全进入正常设计运用阶段。

（2）上游来水偏枯，排沙方案未能正常运用。水库运用以来，1999～2010年头道拐年平均来水量为151.48亿 m³，仅占设计径流量的78.9%；年平均来沙量为0.416亿 t，仅占设计值的38.52%；汛期水量为56.42亿 m³，为设计值的66.38%；汛期沙量为0.211亿 t，为设计值的26.43%，排沙方案无法实行。

（3）防凌。水库运用初期，开河期库尾出现冰坝，为使冰坝溃决，库水位曾降得很低。1999年3月开河期，库水位降到931 m。2000年开河期，库水位降到929.5 m。

（4）发电调峰。电厂与电力系统每周协商一个发电计划，在这个计划期内，电厂按计划发电，当入库径流量小于预计来水量时，水库动用存水，库水位降低。

（5）桃汛洪水冲刷潼关高程。自2006年开展利用桃汛洪水冲刷降低潼关高程试验以来，万家寨水库分别采用了"先蓄后放""先泄后蓄再放"的调度运用方式。期间最高蓄水位达973.76 m，补水后水位最低降到951.73 m。

（6）实施了分期动态控制实时调度。利用万家寨水库运用初期，死库容还没有占用的淤积库容，结合上游来水来沙实际，根据洪水资源化的思路，万家寨水库开展了后汛期防洪限制水位的动态水位控制。

第2章 万家寨水库运用对库区及河曲段凌汛的影响

万家寨水库主要功能是供水和发电,兼防洪、防凌。水库于1998年10月1日下闸蓄水。万家寨水库运用以后,受上游来水、河道边界、水库运用等因素变化的影响,黄河北干流河段凌汛出现了一些新问题和新情况。本章在分析万家寨水库建库以来凌汛期防凌调度方式的基础上,总结万家寨水库建成后的水库防凌运用对库区河段和下游河曲河段凌情的可能影响及有待进一步研究的问题。

2.1 万家寨水库修建前后上游河段凌情变化

万家寨水库的蓄水改变了河道的边界条件,使得头道拐以下河段,尤其是蒲滩拐以下河段,由原来的不封冻河段成为稳定封冻河段。在封开河期间,库区回水末端多次出现险情。在水库运用的最初四年(1998~1999年度至2001~2002年度凌汛期),流凌封河期水库蓄水位仅为965 m,尚未达到设计水位975 m的情况下,水库回水末端冰塞、冰坝产生的壅水最高水位已经接近水库移民搬迁线高程984 m。

分析万家寨水库运用初期水库运用方式对头道拐以下河段凌情的影响,对水库优化调度、防凌减灾具有重要意义。

2.1.1 龙羊峡、刘家峡水库对凌汛期来水影响

1986年以来龙羊峡、刘家峡水库联合调度运用,凌汛期进入宁蒙河段的流量发生了较大变化。

黄河头道拐水文站凌汛期的来水主要是兰州站以上干流来水,区间除在凌汛初期有一些引黄退水外,基本上无水加入;而兰州站的水量只有少部分来自刘家峡至兰州区间的湟水河,大部分来水是刘家峡水库以上,而当前主要是通过龙羊峡和刘家峡两个水库的联合水量调度,控制进入兰州站以下河道的流量。

刘家峡水电站是一座以发电为主,兼有防洪、灌溉、防凌、养殖等综合效益的大型水利枢纽,位于甘肃省永靖县境内的黄河干流上,上距黄河源头2 019 km,下距兰州市100 km,控制流域面积181 766 km²,约占黄河全流域面积的1/4。刘家峡水库设计正常蓄水位为1 735 m,死水位为1 694 m,防洪标准按1 000年一遇洪水设计、10 000年一遇洪水校核,设计洪水位为1 735 m,校核洪水位为1 738 m。校核洪水位以下总库容为64亿 m³,设计洪水位以下总库容为57亿 m³,兴利库容为41.5亿 m³,为不完全年调节水库。坝址断面多年平均输沙量为8 940万 t,其中洮河占2 740万 t。输沙量往往集中在汛期的几次短历时洪峰过程中。电站安装了5台水轮发电机组,总装机容量为1 350 MW。由于库区的泥沙淤积,当前1 738 m、1 735 m高程所对应的库容分别为

44.8 亿 m³、40.7 亿 m³。

龙羊峡水电站是黄河干流梯级开发规划中最上游的电站,以发电为主,并配合刘家峡水库担负下游河段的防洪、灌溉和防凌的任务。坝址位于青海省共和县和贵南县交界的龙羊峡峡谷进口约 2 km 处,上距黄河源头 1 686 km,距西宁市 147 km。本工程于 1977 年 12 月开挖导流洞,1979 年 12 月截流,1986 年 10 月下闸蓄水,1989 年 6 月 4 台机组全部安装完毕。龙羊峡坝址以上控制流域面积为 131 420 km²,约占黄河全流域面积的 17.5%,坝址多年平均流量为 650 m³/s,多年平均年径流量为 205 亿 m³,实测最大洪峰流量为 5 430 m³/s,设计 1 000 年一遇洪峰流量为 7 040 m³/s,校核可能最大洪峰流量为 10 500 m³/s,多年平均输沙量为 2 490 万 t。龙羊峡水库正常蓄水位为 2 600 m,相应库容为 247 亿 m³;校核洪水位为 2 607 m,相应库容为 274.19 亿 m³;死水位为 2 530 m,死库容为 53.4 亿 m³;有效调节库容为 193.5 亿 m³,具有多年调节能力。

在防凌调度中,一般是通过直接调度刘家峡水库的出库流量来满足宁蒙河段的防凌需求,龙羊峡水库与刘家峡水库实现水电联合调度。刘家峡水库凌汛期水量调度原则是:每年的 11 月 1 日至翌年 3 月 31 日为黄河凌汛期,黄河防汛抗旱总指挥部办公室根据气象、水情、冰情等因素,在首先确保凌汛安全的前提下兼顾发电,调度刘家峡水库的下泄流量,在宁蒙封开河期间要求水库出库流量平稳,以保证安全度汛。水库对于下游河段的防凌,关键是控制凌汛流凌期、初封期、稳封期和开河期的水库下泄流量。具体调度要求为:①分析下游河道当年的过流及排冰能力,确定防凌河段的河道安全封河流量,即设计封河流量。根据水库至防凌河段的水流传播时间,考虑区间河道来水和引水,控制水库的下泄流量,以实现防凌河段按设计封河流量封河。②在初封时期,由于冰盖薄,糙率大,过流能力小,易形成冰塞,应减小水库泄流,一般可按封河流量的 70% ~80% 控制。③随着封河稳定和过流能力的恢复,可逐步加大水库泄流量,在河道槽蓄水增量不太大的情况下,可以按照封河流量的 80% ~90% 泄流。④在开河期,为了使河道槽蓄水量的逐渐释放,避免"武开河",应进一步减小水库泄流量。封河期间的流量不能太大或太小,并尽量保持平稳。太大易鼓开冰盖,造成冰塞冰坝;太小易使封冻的冰盖下沉,减小后期河道过流能力。

刘家峡水库在实际调度中,根据以上原则,具体下泄流量情况如下:

(1)流凌封河期:封河前调匀并适当加大泄量,一般下泄流量按照控制封冻河段流量为 500 ~800 m³/s(由于宁蒙河段主河槽淤积萎缩,历年控制流量也在不断变化),既要防止过大流量封河产生漫滩致灾,又要防止小流量封河致使冰下过流能力减小,从而导致后期来水增加出现冰塞壅水等现象。

(2)封河期:宁蒙河段一般在 12 月至翌年 3 月上旬为封河期,需要保持冰盖稳定,防止流量忽大忽小情况。流量较平稳地控制在 500 m³/s 左右,以 600 m³/s 为上限,并逐步减小至开河期。

(3)开河期:根据凌情预报,内蒙古河段即将开河时,尽快减小出库流量,以防止"武开河",减轻内蒙古防凌负担。一般情况下控制兰州站流量在 500 m³/s 以下,槽蓄水增量较大年份可控制出库流量在 300 m³/s 以下。尤其是 3 月上中旬,为控制槽蓄水增量的过快增长,防止开河凌峰过大,水库下泄流量多在 300 m³/s 左右。

1998～2011年刘家峡水库凌汛期旬、月出库流量见表2-1。

表2-1　1998～2011年刘家峡水库凌汛期旬、月出库流量(小川站)　(单位:m³/s)

年度	旬	11月	12月	1月	2月	3月
1998～1999	上旬	877	599	526	492	315
	中旬	822	554	510	487	591
	下旬	644	529	517	387	745
	月均	781	560	517	460	557
1999～2000	上旬	947	590	575	471	320
	中旬	823	580	530	440	347
	下旬	551	572	515	413	653
	月均	774	580	539	442	447
2000～2001	上旬	865	466	455	344	325
	中旬	710	480	465	326	330
	下旬	555	450	417	331	456
	月均	710	465	444	334	373
2001～2002	上旬	904	503	413	353	305
	中旬	766	473	403	326	337
	下旬	582	433	406	319	464
	月均	751	468	407	334	372
2002～2003	上旬	819	447	306	287	231
	中旬	614	419	308	268	227
	下旬	440	375	296	239	235
	月均	624	413	303	267	231
2003～2004	上旬	965	461	427	349	298
	中旬	684	456	416	350	303
	下旬	542	443	416	308	471
	月均	730	453	420	337	361
2004～2005	上旬	1 010	490	484	476	325
	中旬	803	526	480	479	296
	下旬	525	525	479	404	483
	月均	780	514	481	456	372
2005～2006	上旬	1 410	516	474	475	307
	中旬	848	495	469	464	343
	下旬	516	515	468	361	1 065
	月均	925	509	470	439	588

年度	旬	11 月	12 月	1 月	2 月	3 月
2006~2007	上旬	872	519	448	431	310
	中旬	700	517	437	426	320
	下旬	580	493	433	344	661
	月均	717	509	439	404	438
2007~2008	上旬	1 259	503	452	431	274
	中旬	742	525	457	393	306
	下旬	509	522	460	340	647
	月均	836	517	457	389	417
2008~2009	上旬	992	476	475	462	306
	中旬	616	478	473	324	588
	下旬	479	478	474	308	1 174
	月均	696	478	474	369	705
2009~2010	上旬	1 226	490	469	449	296
	中旬	742	498	478	411	293
	下旬	510	499	476	320	785
	月均	826	496	475	399	469
2010~2011	上旬	1 231	523	469	429	295
	中旬	798	507	481	407	301
	下旬	527	489	476	326	760
	月均	852	506	475	392	462

2.1.2 凌汛期头道拐断面流量特征

头道拐断面凌汛期流量主要受水库调度、宁夏河段灌溉引水和退水、宁蒙河段封河发展情况、宁蒙河段槽蓄水增量等因素的影响。

流凌封河期,头道拐流量受上游来水和封河发展影响较大。内蒙古河段一般在 11 月 10 日前后停止灌溉引水,而宁夏河段一般在 11 月 20 日前后停止灌溉引水。受此影响,头道拐在 11 月 20 日之前,一般流量较小,若遇强冷空气影响,可能会出现小流量封河情况。11 月 20 日以后,受退水影响,流量一般有所增大。河道首封后,受封冻河道阻力影响,封冻河段下游水文站流量将明显减小,随着封冻阻力逐渐减小,流量过程将有所恢复,这一阶段通常称为小流量过程。头道拐水文站位于宁蒙河段的下游,小流量过程最为明显。黄河宁蒙河段小流量过程对河段槽蓄水增量、沿程水位变化都有重要影响。

稳定封冻期,冰盖下的水流阻力通常趋于稳定,头道拐水文站流量变化主要受水库调度和河道封河特性的影响。

开河期头道拐流量变化较大。受水库调度、槽蓄水增量、开河形势和气温变化等影响,流量变化非常复杂。黄河宁蒙河段一般自上而下开河,槽蓄水增量释放较为集中,通常在河道内产生开河凌峰。一般情况下,槽蓄水增量越大,开河速度越快,头道拐凌峰流量就越大。尤其是在"武开河"年份,上游开河较快,流量较大,水流挟带冰块,蜂拥而下,槽蓄水增量集中释放,容易形成开河凌灾。

2.1.3 建库前头道拐断面以下河段凌情特点

万家寨水库末端拐上至万家寨坝址相距 72 km,纵坡达 1:936。库区左岸为呼和浩特市的清河县,右岸为内蒙古鄂尔多斯市准格尔旗。

万家寨水利枢纽修建前,左岸托克托县郝家夫子,右岸准格尔旗黑圪劳湾以上河段,即距万家寨坝址 96 km 以上河段,为稳定封冻河段。从 1952 年至万家寨水利枢纽建成运行前的 46 年时间内仅有 1981 年、1988 年、1989 年头道拐断面以下出现未封冻现象,其余年份全部封河;黑圪劳湾以下至万家寨水利枢纽下游马栅河段,河道比降大,水流速度大,一般冬季不封河,河道仅有岸冰和流冰花,整个冬季以流凌为主,封冻期不产生冰塞险情。开河期大量冰块下泄至马栅河段,个别年份在马栅河段产生堆冰险情。

万家寨水利枢纽修建前,黑圪劳湾至大坝前河道冰凌顺利下泄,封河期不产生冰塞阻水,开河期不产生冰坝险情,没有凌汛灾害产生。

2.1.4 建库后头道拐断面以下河段凌情变化

万家寨水利枢纽的兴建,改变了原来天然河道凌汛期的水力特性,导致入库冰花在水库回水末端堆积并向上游延伸,使得回水区以上不封冻的河段成为稳定封冻河段[3]。万家寨水库修建后,由于水库蓄水,水面比降仅有 0.1‰,且库区回水末端流速很小,500 m³/s 流量时的流速仅有 0.17 m/s,河道冰凌输移能力明显减小,容易卡冰,流凌封河时容易形成冰塞,成为首封地点,然后向上游延伸,使喇嘛湾大桥以下河段变成稳定封冻河段,封冻河段增长 86 km;在稳定封冻期,上游来流量变化很小,冰盖趋于稳定,一般也不会出现灾害;开河期,库区回水末端水面比降较小,冰块下泄不畅,容易形成冰坝,其壅水高度可达 5 ~ 7 m,容易造成凌水淹及耕地、公路,产生冰凌灾害,致使原先没有凌灾的地区常出现凌灾。

凌情特点比较显著的时期是流凌至初始封河期和开河期,在这两个时期,冰塞、冰坝发生的概率增大,水位壅高明显,有的年份最高水位已经接近库尾移民搬迁线高程 984 m。万家寨水库运行初期,在封开河关键期库区多次发生较为严重的冰塞、冰坝,形成凌汛灾害。

万家寨水库库区 1999 ~ 2000 年度至 2004 ~ 2005 年度封开河及冰塞、冰坝简况见表 2-2。

表 2-2　万家寨水库库区 1998～1999 年度至 2004～2005 年度封开河及冰塞、冰坝简况

年度	封开河及冰塞、冰坝简况
1998～1999	1998～1999 年度出现一次大的冰塞,两次冰坝过程。 　　1998～1999 年度属于暖冬年,12 月 1 日首先在库区末端小沙湾处插封,逐渐向上游发展,由于气温较高,大部分时间日平均气温在 -10 ℃ 以上,流量为 400～600 m³/s,所以一直到 1 月 11 日才封到头道拐,头道拐以上河段封河也较晚,流凌时间长达 40 余 d,造成该年度凌汛期流冰量大,致使开河期库尾河道冰塞严重,冰塞壅水高达 5～7 m;开河期在三道塔村形成冰坝,壅水 2 m 以上,最高水位达到 983.42 m,接近 984 m 的移民高程,冰坝上下游水位差在 6 m 以上,且持续时间较长,一般情况下,冰坝持续几个小时,最长 2～3 d,而三道塔村冰坝从形成、下移到溃决持续了 7 d。1998～1999 年度在三道塔村河段受淹村庄 3 个,受灾人口 6 000 多人,冲毁农田 800 亩❶,林地 120 亩,沿黄公路被淹,交通中断。 　　1999 年 2 月中下旬气温逐渐回升,库尾河道比降较大的河段首先出现清沟。2 月 27 日三道塔村以上河道平封段断续开河,28 日在桥河畔村、喇嘛湾公路大桥上游 100 m 处和三道塔村形成三处冰桥。3 月 1 日前两处冰桥溃决后将其下游未开河段冲开,并在三道塔村冰桥处进一步堆积形成了冰坝,壅水约 2 m。此时正值上游内蒙古河段开河,头道拐水文站下泄流量超过 800 m³/s,同时气温也由负转正,并且万家寨库水位由 956 m 以上逐渐下降到 951 m,在水力条件及热力条件的共同作用下,2 日下午三道塔村冰坝溃决,并冲开了下游 3.5 km 未开河段,在下塔村重新堆积形成冰坝,壅水约 3 m。随着上游河段的解冻开河,5 日头道拐水文站下泄流量增大到 1 200 m³/s,下塔村冰坝上游水位继续升高,冰坝上下游水位差达到 6 m 以上,6 日三道塔村水位达到 983.42 m,接近 984 m 移民高程线。由于库水位继续下降至 940 m 以下,6 日头道拐水文站下泄流量达到 1 000 m³/s,7 日 7 时冰坝终于溃决,并冲开下游牛龙湾至窑沟火车站封冻河段,上游壅水迅速下降 2～4 m,整个冰坝进入库区,冰坝完全消失,凌水归槽,曹家湾、榆树湾一带险情基本解除。冰坝的持续时间一般只有几小时至 2～3 d,而三道塔村冰坝从形成、下移到溃决,持续时间长达 7 d,究其原因是封河期在三道塔村下游的牛龙湾河段形成的严重冰塞体,在开河时与上游的来冰量相互叠加形成严重冰坝,致使壅水严重、溃决时间加长。三道塔村冰坝造成 3 个村庄受淹,6 000 多人受灾,800 亩农田冲毁,120 亩林地被淹,沿黄公路部分上水,交通中断
1999～2000	1999～2000 凌汛年度为近 20 多年来最冷的一年,在凌汛期先后形成 2 次冰塞。 　　1999 年 11 月 27 日距万家寨坝址 40 km 以下的石流村形成库面冰,同日大量冰花堆积在水库末端,并向上游延伸至清水河水泥厂,至 12 月 1 日仅 5 d 时间堆冰就上延长达 30 km,形成了严重的冰塞壅水,2 日水泥厂水位上升到 982.40 m,岸边公路上水 1.2 m,冰塞体上下游水位差达 7.8 m。此后万家寨水库降低水位,在水头压力和冰塞体自身重力等作用下,冰体进入了库区。 　　1999 年 12 月 6 日随着冷空气的再次入侵,小沙湾以上冰花又一次堆积,并形成冰塞,但比前次冰塞壅水轻,水泥厂水位 980.63 m。2000 年 2 月中下旬局部河段开通,3 月 17 日大量流冰进入库尾,并堆积向上游延展,至水泥厂堆冰长约 10 km,水泥厂壅水高达 982.02 m,18 日后上游来水增加,万家寨水库降低水位,19 日堆冰下移,27 日库区河道全部开通。 　　本年度凌汛受灾人口 496 人,水泥厂停产 18 d,沿黄公路中断 8 d

---

❶　1 亩 = 1/15 hm²。

年度	封开河及冰塞冰坝简况
2000~2001	2000 年 11 月 9 日开始有冰凌进入库区,11 日坝前 45 km 处产生堆冰,并向上游伸展,最长堆积至坝前 64 km 处,在此期间时有冰塞壅水出现,但壅水高度不大,最大壅水高度为 2 m。2001 年初河冰开始解冻,由于开河呈乱开形势,在水泥厂与喇嘛湾大桥等处形成卡冰,但持续时间短暂,水位涨幅也小,没有产生大的冰坝险情,未造成凌汛灾害损失
2001~2002	2001 年 12 月 30 日万家寨水库大坝以上全部封冻,2002 年 3 月 8 日库区封冻河道全部开通。由于 2002 年 1~2 月月平均气温偏高,冰盖偏薄,冰量少,封开河期间凌情比较平稳,基本造成凌汛灾害损失
2002~2003	2002 年 11 月 17 日库尾河段开始流凌,并于当日在距坝址 43 km 处开始堆积形成封冻,23 日距坝址 43~48 km 处的库内堆积冰体移到距坝址 30~33 km 的河段内,随后向上游堆积发展,12 月 6 日到达丰准黄河铁路桥,9 日到达交通水泥厂,12 日库区全部封冻。 2003 年 3 月 7 日前后,部分河段出现断续清沟,呈现开河现象,12 日距坝前 68~82 km 处开河,24 日库区全部开通。凌汛期间未发生灾害损失
2003~2004	2003~2004 年度封开河形势均比较平稳。由于封河期上游干流头道拐封河速度快,入库流冰量比往年显著偏小,水泥厂断面冰塞壅水水位仅为 979.95 m,比常年低近 1 m。 2004 年 3 月 9 日库尾及以上库区河道开始局部开河,流冰在水泥厂处堆积,壅水位达到 980.5 m,上涨了 2.5 m,此后一直维持。14 日水泥厂断面再次发生壅水,最高水位 981.55 m,与前几年壅水平均高度持平,14 日上游头道拐河段开河,随着凌峰的到来,水泥厂断面堆冰松动溃决,15 日水位回落至 978 m,库尾河段堆冰体全部进入库区,未造成冰凌灾害
2004~2005	2004 年 11 月 26 日上游来冰在库尾距坝址 52 km 处开始向上堆积,12 月 24 日万家寨坝前 66 km 范围的库区段封河,其中上游来冰主要在 52~66 km 河道堆积 2005 年 2 月下旬,库尾河段封冻冰面开始消融,但开河速度较慢。3 月 19 日水泥厂上游 2 km 东营子河段开河,开河期间由于库尾以上与头道拐同日开河,造成库尾河段来冰量偏多,加上封河过程中库尾河段堆冰量也偏多,以致形成万家寨水库运行以来最严重冰凌堆积,水泥厂处壅水位达历史最高,流冰在东营子下游堆积,水位开始上涨,20 日 3 时水位最高涨至 984.22 m,形成的冰凌堆积体长达 6.6 km,之后冰凌堆积体下滑入库,水位回落。 2004~2005 年度库尾沿黄公路局部上水,二期移民工程 987 m 淹没线以下耕地局部被淹

2.2 万家寨水库运用前后河曲河段凌情变化

2.2.1 河曲河段和天桥水电站

2.2.1.1 河曲河段

河曲河段一般指黄河大北干流的龙口至天桥水电站,长 72.7 km。地处内蒙古、晋、陕三省(区)交界处。左岸为山西省河曲县和保德县,右岸上下游分别属于内蒙古自治区准格尔旗和陕西省府谷县。石梯子以下为天桥水电站库区,见图2-1。

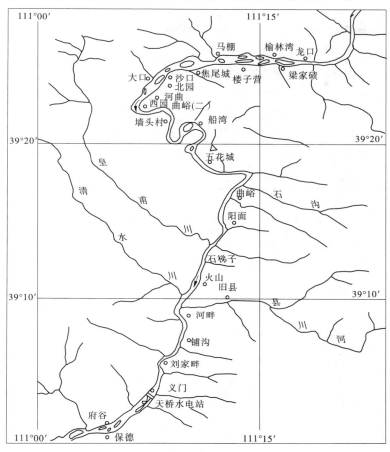

图2-1 黄河河曲段河流位置图

黄河出龙口峡谷以后,河道逐渐放宽,且多弯道。河床最宽处(娘娘滩至北园间)近1 500 m。主流摆动大,河心多沙洲,较大的有太子滩、娘娘滩、长沙滩等30余处。黄河流至河曲县城附近绕城形成一大迂回。南园以下,弯曲加大,弯曲度为1.83。连续有大东梁、石窑卜、唐家会、死河碛等多处急弯。弯道的凹岸水深流急,冲刷严重。据1981年2月10日所测各河段坡度,英占滩至北园为1.0‰,北园至船湾为0.32‰。河段内有河曲(二)水文站,为天桥水库的入库站,1976年建站,有7年观测资料。坝址处有义门水文站,1953年建站,1977年撤销。下游有府谷水文站,为天桥水电站的出库站。

河曲河段未建天桥水电站以前,一般11月中旬开始流凌。龙口以上河窄流急,水面落差大,冬季不易封冻,龙口至石窑卜段则年年封河,石窑卜至天桥水电站多不封河。天桥水电站建成后,河道冰情发生了明显变化,自坝前一直至龙口附近稳定封冻。

2.2.1.2 天桥水电站

天桥水电站为大北干流上修建的第一座试验性径流式电站,1976年底建成,1977年2月第一台机组投产。

黄河天桥水电站坝址上距河曲县城 54 km,下距保德、府谷县城 8 km。挡水建筑物左端为混凝土溢流堰,右端为土石混合坝。坝顶高程 836 m,坝高 27 m,顶宽 10 m,厂房位于溢流堰后面。该枢纽按 100 年一遇洪水设计,洪峰流量为 15 600 m³/s,相应坝前水位为 835.1 m,库容为 0.703 亿 m³,正常水位为 834.0 m,防洪限制水位为 830.0 m。装机容量为 12.8 万 kW,年发电量 6.07 亿 kWh。

电站库区为峡谷形,平均宽度约 300 m,长 21 km。由于上游来沙,库区淤积严重,见表 2-3。凌期水位不断提高,见表 2-4。水库冲淤情况见表 2-5 和图 2-2。

表 2-3　天桥水库历年库容对照表　　　　　　　　　　　　　（单位:万 m³）

分项	建库初期	1977 年	1978 年	1979 年	1980 年	1981 年
总库容	6 800	5 670	4 950	3 450	4 650	3 500

表 2-4　天桥水库运用初期库区多年凌期水位表　　　　　　　（单位:m）

月	项目	1978～1979 年	1979～1980 年	1980～1981 年	1981～1982 年
11	平均	829.45	830.11	829.69	833.24
	最高	930.95	831.70	832.90	834.95
12	平均	825.96	831.30	832.15	833.58
	最高	831.00	832.40	833.55	834.90
1	平均	829.33	831.05	832.92	833.41
	最高	831.00	832.60	834.00	834.85
2	平均	829.87	831.57	833.24	831.39
	最高	831.30	832.80	834.05	834.12
3	平均	329.11	830.44	831.90	817.92
	最高	832.40	832.90	835.20	819.66

表 2-5　1981 年天桥水库汛前、汛后冲淤变化沿程分布表　　　（单位:万 m³）

计算区段	冲（-）淤（+）量	计算区段	冲（-）淤（+）量	计算区段	冲（-）淤（+）量
0#～1#断面	+56.3	7#(一)～7-1#断面	+96.0	14#(一)～15#(一)断面	-6.0
1#～2#断面	+39.3	7-1#～8-1#断面	+19.0	15#(一)～16#(一)断面	-18.0
2#～3#断面	+98.4	8-1#～9#断面	+15.0	16#(一)～17#(一)断面	-23.0
3#～4#(一)断面	+113.0	9#～10#断面	+24.0	17#(一)～18#断面	-14.0
4#(一)～4-1#断面	+72.0	10#～11#断面	+6.0	18#～19#断面	-11.0
4-1#～5#断面	+70.0	11#～12#(一)断面	-10.0	19#～20#断面	-25.0
5#～6-1#断面	+158.0	12#(一)～13#断面	-9.0	20#～22#断面	+10.0
6-1#～7#(一)断面	+162.0	13#～14#(一)断面	0		

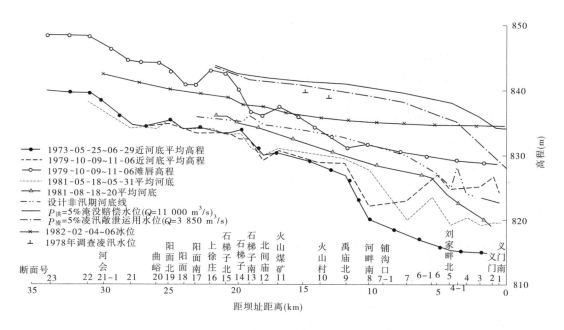

图 2-2 天桥水电站库区纵剖面图

天桥水电站自 1977 年蓄水运行以来,在"确保电站安全的前提下,兼顾淹没区,力争运行方式稳定,设备安全和停机排冰时段连贯"的原则下高水头运行,抬高了库区水位,淹没了原天然河道的陡坡段,使水流动力特性发生改变。库区禹庙断面水深加大,流速减缓,给冰块插封壅堵提供了条件,致使火山村至火山煤矿间冰块堆积严重,易发生冰塞冰坝。

天桥水电站担负着太原供电系统的调峰任务,日平均负荷 6.5 万 kW,最高达 8 万 kW 以上,1981 年流凌和封冻期,一直维持高水头运行,水位日内变幅很大,达 1～2 m。

2.2.2 天桥水电站修建前河曲河段凌情

龙口以上山西河段河窄流急,基本为峡谷激流,水面落差大,冰块顺流而下,冬季不宜封河。冰花主要产生于内蒙古喇嘛湾以上河段。

历史上河曲河段凌汛完全受自然因素影响,由于不利的河道地形条件,局部河段基本上年年封冻,且冰情比较平稳,冰凌下泄较为顺畅,很少发生凌灾。历年在石窑卜弯道处首先插凌封冻。首封后,冰面上沿至龙口附近。石窑卜以下河段,一般不封冻。河曲河段多年平均流凌日期为 11 月 20 日,一般较内蒙古河段晚 1～2 d,冰块或冰花主要从上游漂流而下。

龙口至船湾河段,由于河床展宽,水流分散,比降减小,同时又多弯道,水流阻力增加,所以这一河段基本上是年年封河。其中,河曲水文站至英占滩之间是最早封河和最易发生凌灾的河段。该河段河宽坡缓,滩洲较多,水流多分叉,冰凌漂流至此,流速突然减小,容易造成冰凌阻塞,尤其是冰凌流至弯道处,在惯性力作用下,偏向外侧,流凌密度增大,容易堆冰封河。

龙口至船湾河段多年平均封河日期为 12 月 16 日,比上游头道拐河段封河晚 1~2 d。开河日期多年平均为 3 月 17 日,比上游头道拐河段早 2~3 d。稳定封冻期一般为 90 d 左右。封河时,若河曲河段封河晚于头道拐河段,则上游流凌减少,河曲河段封河较为平稳;若河曲河段封河早于头道拐,由于上游未封河段产生大量流冰花,流至河曲河段,容易产生冰塞致灾。开河时则相反,若河曲河段早于头道拐河段开河,则河曲河段不易出现凌灾;若河曲河段晚于头道拐河段开河,上游大量冰凌洪水涌入河曲河段,很容易发生凌情灾害。

船湾至天桥坝址属峡谷型河道,比降大,水流集中,故该河段正常年份不封河,上游流冰顺河而下,随着上游封冻,该河段即停止流凌。

2.2.3 天桥水电站修建后河曲河段凌情

天桥水电站于 1977 年 2 月建成投入运用。由于电站蓄水运用,河曲河段的河道边界条件发生了很大变化,改变了该河段天然水流和凌情特性。

2.2.3.1 河床严重淤积

天桥水电站库区两岸为黄河中游黄土丘陵沟壑区,平均入库沙量 3.06 亿 t(其中,皇甫川断面年均输沙量为 0.56 亿 t),1977 年 2 月至 1980 年为初期运用阶段,库区共淤积泥沙 0.36 亿 m^3,占原库容的 51.4%,1981 年以后采取低水位运用或停机敞泄等排沙措施,使水库泥沙有冲有淤,截至 1990 年库容损失了 64%。由于水库泥沙淤积,库水位 834 m 时相应回水末端上沿至坝上阳面附近的约 28 km 处。

水库蓄水运用及库区的淤积对上游河道的泄洪极为不利。历次洪水所形成的溯源淤积,使龙口至船湾河段河床淤积加剧,河中沙洲不断扩大,河道向着不利于排凌方向演变。

2.2.3.2 改变了凌情特征

建库后,冰凌被拦蓄,库区水位壅高,比降变缓,从而影响上游河段冰凌顺利下泄。上游河曲河段冰凌特点发生如下变化:

(1)石窑卜下游至天桥大坝 43 km 河段由不封冻变为年年封冻。流凌期电站高水位蓄水发电,库内水体流速很小,易结成冰盖,上游来的流冰大部分停蓄在库区内,积冰越来越多,库区在短时间内自下而上封冻。封冻速度最快可以达到 7 km/d,使库区由过去不封冻河段变为常年稳定封冻河段。多数年份库区封河可以和龙口至船湾河段封河连接起来。极少年份中间出现清沟或不封冻河段。根据河曲县防办冰情观测资料统计,1981~1998 年的 17 个凌汛期,每年都是全河封冻,下起天桥大坝,上至龙口,封冻长度 71 km。

(2)河段封河起点下移。一般来说,库区封冻时间要早于龙口至船湾河段封河时间,相应河曲河段首封地点由过去的石窑卜(距大坝 45 km)下移至天桥大坝。

(3)流凌期缩短,封河日期提前。据河曲县 1981~1998 年观测资料统计,河段流凌和首封多数年开始于 11 月中下旬,个别年份如 1983 年则推迟到了 12 月 22 日;开河一般在 3 月中旬,而 1984 年、1985 年、1996 年则推迟至 4 月 1 日至 4 月 3 日。该河段的流凌期由过去的 26 d 缩短为 20 d 左右。多年平均流凌日期为 11 月 19 日,比天桥水电站运用前提前 1 d;多年平均封河日期为 12 月 8 日,比天桥水电站运用前提前 8 d;多年平均稳定封冻期为 108 d,比天桥水电站运用前延长 18 d。封冻提前使河段储冰量增加,凌汛灾害潜在风险提高。

（4）封河水位抬高。电站冰期高水位运行时，石窑卜在冰水顶托的情况下封冻，封冻水位比敞流情况下抬高 2~3 m，并上溯至河曲县城北元附近河段。

（5）冰塞冰坝现象明显增多，冰灾频繁发生。修建水库大坝、库区河道封冻、首封河段下移等，从根本上改变了原河道的排凌条件，致使大量的冰凌堆积，冰盖冰花层增厚，从而导致冰塞、冰坝现象增多，冰凌灾害发生概率增大。

2.2.4 万家寨水库运用对河曲河段凌情影响

万家寨水利枢纽的运用对河曲河段的冰凌产生较大影响。

（1）有利影响。一是万家寨水库拦截了上游冰凌，减轻了下游河曲河段的冰凌压力，同时大坝底孔泄流水温比过去偏高，可减少产冰量，使封冻河段缩短；二是天桥水电站可利用开河期万家寨水库大流量泄流，主动有计划地实施库区排沙。

（2）不利影响。河曲段仍有大量储冰，如果在开河期突然大幅度增加泄流量，极易造成河曲河段"武开河"，形成卡冰结坝，对沿河村镇及天桥水电站造成严重影响。

例如 1998~1999 年度，河曲河段流凌时间是 1998 年 11 月 23 日，12 月 25 日天桥水电站坝前封冻，1999 年 1 月 13 日河曲水文站封冻，1 月 16 日封至侯家口，至此，该河段进入稳定封河期，封河长度 55 km，比多年平均封河长度 70 km 的冰情有所减轻，对天桥水电站和河曲河段的防凌比较有利。2 月 16 日，万家寨水库泄流突然加大，最大流量超过 1 000 m³/s，2 月 17 日河曲断面"武开河"，天桥坝前最大流量超过 3 000 m³/s，大量冰凌迅速流至天桥坝前，库水位暴涨，坝前壅冰水位比设计 100 年—遇洪水位 835.1 m 高出 0.8 m，接近坝顶，出现严重险情。

2.2.5 凌汛期河曲河段及天桥水电站对万家寨水库运用的要求

万家寨水库的兴建给山西、内蒙古等省（区）带来显著的社会效益和经济效益，同时水库的拦蓄调节作用改变了水库以下河段的天然水力条件和热力条件，对下游河段防凌产生重要影响。为保证万家寨水库、河曲河段和天桥水电站凌汛期的安全与最大限度地发挥水库发电效益，水库下游河段的防凌对万家寨水库凌汛期运用有四个方面要求：①流凌期：要求出库流量相对稳定。②封河期：建议下泄流量最好稳定在 500~1 000 m³/s，以保证河曲河段和天桥库区较稳定的封冻冰面，防止产生冰花堆积现象。③稳定封河期：要求下泄流量相对稳定。④解冻开河期：在天桥库区及河曲河段解冻前，要求万家寨水库下泄流量在 1 000 m³/s 以下。当河曲河段自然开河或天桥库区开闸排凌时，万家寨水库下泄流量最好保持在 2 000~3 000 m³/s。

2.3 万家寨水库运用初期的泥沙淤积情况

根据水库运用最初几年，1998~2002 年统计数据，分析万家寨水库运用以后库区淤积情况，见表 2-6。

万家寨水库自 1998 年 10 月下闸蓄水至 2002 年 10 月，干流控制站头道拐水文站来水 546 亿 m³，来沙 12 029 万 t；区间浑河上的清水河水文站来水 0.452 亿 m³，来沙 81.87 万 t；太平窑水文站来水 1.38 亿 m³，来沙 385.84 万 t。同期万家寨出库泥沙 2 241 万 t。水库运行四年淤积 1.4 亿 m³，年均淤积 0.35 亿 m³。

表 2-6　万家寨水库分段淤积统计

时段	水库淤积量（断面法）			出库沙量（万 t）	入库沙量		
	头道拐以下（万 m³）	拐上以下（万 m³）	拐上至头道拐（万 m³）		头道拐（万 t）	太平窑（万 t）	清水河（万 t）
1998-10～1999-09	7 554	7 183	371	486	4 200	17.44	25.1
1999-09～2000-06	−1 288	−764	−524	1 611	1 993	2.54	4.11
2000-06～2000-09	2 541	2 518	23	0	979	23.1	7.26
2000-09～2001-05	−226	1	−227	98	1 134	0.6	0.04
2001-05～2001-10	2 432	1 945	487	0	924	17.4	26.2
2001-10～2002-04	−4	143	−147	40	1 322	0.28	0.29
2002-04～2002-10	2 945	2 970	−25	6	1 477	324.48	18.87
总计	13 954	13 996	−42	2 241	12 029	385.84	81.87

1999 年水库的淤积基本呈带状，距坝 43 km 以下的库区淤积厚度相差不大。距坝 20 km 以下的泥沙淤积主要是 1999 年 3 月的库水位降低造成的。1999 年 9 月，坝前淤积厚度为 8 m 左右，是全库淤积厚度最大的河段。1999 年 9 月至 2000 年 6 月，库区冲刷了 764 万 m³，从出库含沙量来看，冲刷发生在 2000 年的 3 月 20～26 日，这几天库水位最高 946.7 m，最低 929.5 m。出库含沙量最大 18 kg/m³。从 3 月 17 日坝下有含沙量开始，到 4 月 4 日无泥沙出库，19 d 出库泥沙 1 330 万 t，同期泥沙入库 583 万 t。

自 2000 年 4 月起，库水位一直未低于 950 m，因此泥沙淤积在距坝 20～60 km 的河段内。受水位波动的影响，淤积形态呈非典型的三角洲形态。2002 年 7～9 月水库水位比较稳定，10 月水库淤积体已经呈三角洲形态。

测验资料表明，拐上至浑河口河段有冲有淤，一般在非汛期淤积，淤积量为 30 万～80 万 m³；汛期有冲有淤。万家寨水库的泥沙淤积末端取决于坝前水位和前期淤积面高程的高低。坝前水位高，前期淤积面较高，则淤积末端距坝较远；坝前水位低，前期淤积面低，则淤积末端距坝较近。

可以看出，万家寨水库运用初期的泥沙淤积与入库水沙条件和水库运用方式密切相关。如何合理进行水库调度，改善库区淤积形态，是万家寨水库运用应该考虑的问题。

2.4　万家寨水库防凌调度分析

万家寨水库建成以来，水库凌汛期运用对库区泥沙淤积、水库上下游河段凌情均产生了重要影响。水库最初设计的运用方式不能满足防凌调度需求。基于万家寨水库1998~1999年度至2001~2002年度水库运用实践和凌汛期不同阶段凌情特点,分析研究万家寨水库不同阶段防凌运用方式。

万家寨水库凌汛期调度主要分三个阶段,即流凌封河期、稳定封河期和开河期。由于各个时期的凌情特点不同,调度的方案也有所差异,每年的不同阶段需要根据来水和来冰量等确定相应的调度方案。

2.4.1 不同库水位回水曲线的计算

为了计算冰塞壅水水位,需计算畅流期水库不同运用水位时的水库回水末端和各断面的流速,即畅流期不同水位时的水面曲线。由于在非汛期和凌汛期的稳定封河期,头道拐的流量变化幅度不大,可以假定库区水流为恒定非均匀缓变流。

根据能量守恒的基本原理,对单位质量的水体,有以下方程:

$$z_2 + \frac{\alpha v_2^2}{2g} = z_1 + \frac{\alpha v_1^2}{2g} - h_{\mathrm{f}} - h_{\mathrm{j}} \tag{2-1}$$

式中:h_{f} 为沿程水头损失;h_{j} 为局部水头损失;z_1、z_2 分别为上、下断面水位;v_1、v_2 分别为上、下断面流速;g 为重力加速度;α 为动能校正系数。

据谢才公式,沿程水头损失 h_{f} 计算方法如下:

$$h_{\mathrm{f}} = \frac{v^2}{C^2 R} \Delta L = \frac{Q^2}{A^2 C^2 R} \Delta L \tag{2-2}$$

式中:A、C、R 分别为河段平均过水面积、谢才系数和水力半径;ΔL 为断面间距;Q 为流量。

$$A = (A_1 + A_2)/2$$
$$C = (C_1 + C_2)/2$$
$$R = (R_1 + R_2)/2$$

谢才系数 C 根据曼宁公式计算:

$$C = \frac{1}{n} R^{1/6} \tag{2-3}$$

局部水头损失 h_{j} 按下式计算:

$$h_{\mathrm{j}} = \overline{\zeta} \left(\frac{v_2^2}{2g} - \frac{v_1^2}{2g} \right) \tag{2-4}$$

计算河段为自 WD01 断面至 WD70 断面,全长 92 km。万家寨库区河道断面编号、距坝里程和断面位置关系见表 2-7。计算步骤如下:

(1)输入断面资料、各河段糙率,确定动能校正系数 α 和局部水头损失系数 $\overline{\zeta}$(本次计算取 1.1 和 -0.6)。对坝址来水,当已知起调水位时,则 z_2 为已知,根据断面资料和流量级,可计算过水面积、流速、谢才系数和水力半径,则式(2-1)左边可求出。

(2)用试算法求 z_1。假定 z_1,根据断面资料求相应 z_1 的过水面积、流速、谢才系数和水力半径,计算式(2-1)的右边值,若与式(2-1)左边值相符,则 z_1 即为所求。

用上述方法分别计算了起调水位为 950 m、955 m、960 m、965 m、970 m、975 m,入库流量为 450 m³/s、600 m³/s、700 m³/s 等不同组合的回水曲线。

根据计算结果,当坝前水位为 960 m 时,其回水末端为距大坝 48 km 的右窑沟沟口(WD49)附近;当坝前水位为 970 m 时,其回水末端为距大坝约 57 km 的黄河铁路大桥(WD57);当坝前水位为 975 m 时,其回水末端为距大坝约 61.5 km 的下塔村(WD60)。

当坝前水位为 977 m 和 980 m 时,根据水库设计书,回水末端分别为距坝 64 km 的交通水泥厂(WD61)和距大坝 72 km 的拐上村(WD65)。

表 2-7 万家寨库区河道断面编号、距坝里程和断面位置关系

断面编号	距坝里程（m）	断面位置
WD01	800	坝前码头
WD30	28 840	城坡镇
WD40	38 510	鹿头碑村附近
WD42	41 040	柳清河村 + 800 m
WD43	42 380	准煤取水口
WD44	43 180	
WD46	44 980	
WD48	46 640	
WD50	48 970	
WD52	52 110	窑沟火车站
WD54	55 040	上城湾
WD56	56 500	浑河口下
WD57	57 170	岔河口铁路桥
WD58	58 370	牛龙湾
WD59	59 700	田家石畔
WD60	61 440	下塔村
WD61	63 700	交通水泥厂
WD62	65 900	三道塔村
WD63	67 570	曹家湾村
WD64	69 770	公路桥、小榆树湾村
WD65	72 100	拐上村
WD66	73 900	桥河畔村
WD67	76 420	喇嘛湾镇、小石窑村
WD68	81 340	托克托县大石窑村
WD69	85 980	托克托县毛布拉村
WD70	91 720	托克托县浦滩拐村

2.4.2　流凌封河期冰塞及水库调度方式

万家寨水库运用后,该河段由以往不封河变为封河,且易在水库末端形成冰塞。制订流凌封河期水库调度方案需要冰塞的规模和冰塞壅水情况,因此需要计算冰塞壅水。

2.4.2.1　冰塞形成机制

1.冰塞的形成

封冻冰盖下面堆积大量冰花、冰块,阻塞部分过流断面,造成上游河段水位壅高,这种特殊的冰情现象称为冰塞。冰塞多发生在河流封冻初期。1986 年国际冰凌学术会议曾给冰塞定义为:阻碍水流的碎冰或冰花的固定集合体。

从广义上讲,冰盖也是一种冰塞,只是厚度较小而已,所以冰塞的形成是从封河开始的。在初始封河阶段,冰盖和冰花阻塞过流断面,湿周增大,糙率增大,过水面积减小,水流速度降低,从而导致河道过流能力的下降,造成上游壅水。

2.冰塞的演变过程

冰塞的演变过程大致分为以下三个阶段:

(1)冰塞形成期。冰塞的形成首先是从冰盖形成开始的。初始冰盖形成之后,来自上游的冰花、冰块,在水流作用下,不断潜入冰盖下面,导致冰盖下面流冰量迅速增大,当流冰量大于河道输冰能力时,冰花开始在冰盖下面堆积,首先堆积于封冻前缘附近,形成初始冰塞。初始冰塞形成以后,随着流冰量的继续增大,当冰塞体对冰块、冰花的阻力大于水流动力时,冰塞体的规模不断扩大,垂直增加厚度,横向增加宽度。随着上游不断的冰花下潜、输入、推移,冰塞逐渐向上下游发展。冰塞形成期,也是水位猛涨阶段,是防凌的重要时期。

(2)冰塞稳定期。冰塞发展到一定时期,就进入动态平衡时期,此时冰塞河段的断面流速、比降、过水断面和冰塞体积均出现较长时期的稳定。该时期称为冰塞的稳定阶段。冰塞稳定期的水位虽有波动,但比较平稳。组成冰塞体的最大冰量和最高壅水位就出现在此阶段。冰塞体进入稳定期需具备的条件:该时期内冰花大部分被输往下游;冰下流速接近于“稳定流速”(各断面不一定相同);水位变幅很小,比降接近“稳定比降”;冰下过水断面无明显变化。确定冰塞稳定期对推估冰塞所引起的最高壅水位具有一定的意义。目前,国内冰塞壅水计算理论就是建立在这些条件基础之上的。

(3)冰塞消亡期。春季,随着气温的升高,冰塞河段水温升至 0 ℃以上,冰塞体不断融化,体积减小,过水断面面积不断扩大,槽蓄水增量逐渐释放,河段水位明显降低,在水动力和热力作用下,冰塞体塌陷解体消融。

冰塞由冰花和冰块组成,形成后持续时间较长,有的可达数月之久。冰塞体消失时,一般无明显凌峰产生,与冰坝相比,危害相对较小。

3.冰塞形成条件

形成冰塞的前提条件是首先形成冰盖,需具备以下三个条件:

(1)具有一定的河道形态。冰塞多位于河道比降突然由陡变缓的河段、水库回水末端、河流河口地区以及河流的急转弯处或者狭窄段等。这些河段的共同特点是输冰能力显著降低。

（2）有充足的冰花、冰块。冰塞处于上游未封河段，有大量的冰花、冰块向下游流动，这是形成冰塞体的物质条件。

（3）封冻冰盖前缘处的流速需要满足临界值条件，流冰花在冰盖前缘下潜并堆积。当上游冰花源源不断，则封冻边缘顺利发展。当封冻边缘发展到急流河段，其流速大于冰花下潜流速（或称第一临界流速）v_{01} 时，则冰花潜于冰盖底面。冰盖由于阻力增大，流速锐减，当其达到第二临界流速 v_{02} 时，下潜冰花即发生堆积，于是冰塞开始形成并逐渐发展，造成上游水位壅高，流速减小。当 $v < v_{01}$ 时，则冰花不再下潜，于是封冻边缘越过急流河段继续上溯，此时河段的冰塞主体已形成。对冰花下潜速度 v_{01} 的计算，国内外有不少观测研究成果，而其结果比较接近，在 $0.6 \sim 0.7$ m/s 之间变化。冰花在冰盖下面发生堆积的第二临界流速 v_{02}，根据黄河刘家峡至盐锅峡河段及第二松花江白山河段观测资料分析为 $0.3 \sim 0.4$ m/s。

水库回水末端水面比降急剧减小，所以一般冰花首先在水库回水末端堆积，形成冰塞头部，然后向上游发展。回水末端的位置与水库运用水位有关，因此冰塞的位置取决于水库运用水位。水库运用水位高，则水库回水末端靠上，冰塞头部位置也靠上；反之，则冰塞壅水影响范围靠下。因此，从安全角度出发，流凌封河期，水位越低，相对安全系数越大。

2.4.2.2 国内外冰塞研究现状

中国冰塞原型观测方面的成果较为丰富。早在 20 世纪 60 年代初，就在甘肃黄河上游刘家峡河段进行了为期 3 年的大型冰塞观测研究工作；自 20 世纪 80 年代开始，在黄河河曲河段开展了大型冰塞的原型观测研究工作，获得了大量水文、冰情、气象和河道条件等冰塞特征数据，建立了冰塞厚度与水力条件关系模型。我国冰塞数值模拟研究起步较晚，但发展较快。孙肇初等（1990）在分析国内外冰情研究的基础上，阐述了江河冰塞研究的意义；吴剑疆等（2003）开展了河曲河段冰塞发展的数值模拟研究；清华大学茅泽育等（2003），基于非恒定流理论，建立了模拟河道中冰塞形成及演变发展的动态数值模型，模型综合考虑了敞露河段冰花输运、冰塞前缘推进以及冰塞体堆积与冲刷变化。

国外对冰塞方面的研究比较早，成果也很多。Pariset 和 Hausser（1961）提出了冰盖形成的一维模型，包括静态冰塞理论，即基于作用于漂浮冰块上的内、外力静态平衡关系确定表面冰堆积形成的最大冰层厚度。静态冰塞形成理论得到了其他一些学者（如：Uzuner 和 Kennedy，1976；Tatinclaux，1977；Beltaos，1983，1993；Beltaos 和 Wong，1986）完善和补充。这一理论已被发展成动态表达式，可以模拟表面冰输移受阻形成冰塞及冰塞的演变过程（Shen 等，1990，2000）。Shen 和 Wang（1995）利用冰盖下输冰能力的概念对传统的临界流速概念（如：Kivislid，1959；Michel 和 Drouin，1975）进行了修改，形成了冰盖下冰输移和堆积过程公式。Beltaos，et al（1982）对由于冰塞释放产生洪水机制进行了一维分析。冰塞形成期，由于不安全，难以实地观测，缺乏必要的实测资料，限制了对冰塞研究的发展。因此，国外关于冰塞方面的研究成果主要来自于室内实验研究，天然河流中的实测资料较少，许多研究成果尚未得到直接验证。

1. 冰塞形成的实验室模拟

美国陆军寒区研究与工程实验室的 Steven F. Daily 和 Mark Hopkins 通过实验研究两种冰塞体的形成，一种开始于浮冰均匀分布，且以稳定流速向下游移动；另一种开始于由壅水引起的上游蓄水蓄冰,蓄水挟带浮冰向下游释放。

实验设备:使用矩形槽过流;在距水槽 50 m 处的上游横断面放置冰控制结构,该结构包括 3 个木桩,起点距分别为 4 m、12 m 和 20 m;模拟期间上游流量保持恒定;水槽上每隔 3 m 设一观测横断面。

实验步骤:实验开始前水流达到平衡;浮冰均匀放在水表面,并以水流速度移动;冰塞壅水的初始条件用在冰控制结构上游 100 m 处放置一垂直墙式障碍物产生,在障碍物上游,浮冰以均匀层铺在水面上且以水流速度移动,在障碍物后面,冰聚集成一厚冰层,通过移开障碍物使冰向下游移动来模拟冰水的急剧释放。

主要实验成果:在进行两种冰塞的模拟过程中,发现冰塞开始形成之前,部分冰通过了冰控制结构;随着冰花在冰控制结构后的持续堆积,冰塞形成向下游发展到河底,冰塞上游水位升高,一个正上升波将向下游传播。通过实验可以看出,两种情况下形成的冰塞显著不同,第一种冰塞由稳定均匀水面均匀分布的冰形成;第二种冰塞由急剧释放的冰形成。均匀流冰塞水面水位变化和流量变化比较平缓,而冰水急剧释放形成的冰塞各断面水位变化和流量变化均比较剧烈。

2. 冰塞演变的数值模拟

在冰塞实验室实验的基础上,应用冰水动力学理论建立动量方程和连续方程可以模拟冰塞存在时的河道水流规律,方程可用四点隐式差分方法求解。这里简单介绍采用一维冰水方程模拟冰塞演变的方法。

冰下水流的水量守恒方程和浮冰层中水流的水量守恒方程分别为

$$\frac{\partial Q_0}{\partial x} + \frac{\partial A_0}{\partial t} = q_{i0} \tag{2-5}$$

$$\frac{\partial Q_i}{\partial x} + \frac{\partial A_i}{\partial t} = -q_{i0} \tag{2-6}$$

式中:A_i 为浮冰层的空隙面积;A_0 为冰下过流面积;Q_i 为浮冰层空隙中通过的流量;Q_0 为冰下流量;q_{i0} 为冰下与浮冰层空隙之间交换的流量。

式(2-5)与式(2-6)相加,即可得到总水流的连续方程:

$$\frac{\partial Q_T}{\partial x} + \frac{\partial A_T}{\partial t} = 0 \tag{2-7}$$

式中:$Q_T = Q_0 + Q_i$;$A_T = A_0 + A_i$。

类似地,冰下水流动量方程和浮冰层水流的动量方程分别为:

$$\frac{\partial Q_0}{\partial t} + \frac{\partial}{\partial x}\frac{Q_0^2}{A_0} + gA_0\frac{\partial H}{\partial x} + gA_0 S_f = 0 \tag{2-8}$$

$$\frac{\partial Q_i}{\partial t} + \frac{\partial}{\partial x}\frac{Q_i^2}{A_i} + gA_i\frac{\partial H}{\partial x} + gA_i S_f = 0 \tag{2-9}$$

式中:g 为重力加速度;S_f 为摩擦坡度。

式(2-8)与式(2-9)相加,即可得到总水流的动量方程:

$$\frac{\partial Q_T}{\partial t} + \frac{\partial}{\partial x}\left[\frac{Q_0^2}{A_0} + \frac{Q_i^2}{A_i}\right] + gA_T\frac{\partial H}{\partial x} + gA_T S_f = 0 \tag{2-10}$$

上述水流模型可以解出每一时间步长的每一横断面的水面高程和总流量，不过需要已知两个边界条件，给定边界条件为河道上游顶端的流量和下游端的正常水深。

从国内外冰塞研究现状可以看出，人们对冰塞的形成和演变规律有了较为深入的认识，为冰塞壅水计算提供了理论和实验依据，进一步丰富了冰凌生消演变规律。

2.4.2.3 冰塞壅水计算方法

冰塞壅水计算主要采取水力学计算法，参考《水利水电工程水文计算规范》（SL 278—2002）中的计算原理，借用盐锅峡河段冰塞实测资料，并结合万家寨河段的实际情况，考虑到冰塞壅水计算的复杂性，计算中采用了两种计算方法：第一种方法主要利用《水利水电工程水文计算规范》（SL 278—2002）中的计算原理；第二种方法主要用水力学法，将冰塞体概化为一直角梯形。最后将两种方法计算结果进行比较。

计算时依据基本假定：假定上游来冰量是充分的，当冰塞发展到最高壅水位时，冰塞河段的水面比降及各断面的水流条件基本达到了平衡，并趋向于某一稳定值。

1. 方法一（SL 278—2002 基本计算原理和方法）

基本计算公式为：

$$Q = HBv \tag{2-11}$$

$$v = \frac{1}{n_{cp}}R^{\frac{2}{3}}j^{\frac{1}{2}} \tag{2-12}$$

$$j = \frac{v^2 n_{cp}^2}{(0.5H)^{4/3}} \tag{2-13}$$

式中：Q 为相应冰塞最高壅水时的流量；H 为断面水深；B 为水面宽；v 为断面稳定平均流速；n_{cp} 为综合糙率；R 为断面稳定水力半径；j 为冰塞稳定水面比降。

其中，Q、n_{cp} 是已知的边界条件。

根据前面的假定，当冰塞发展到最高壅水位时，各断面的水流条件基本达到了平衡，并趋向于某一稳定值。因此，可以根据实测资料建立稳定流速与流量、水面宽的经验关系，即

$$v = f(Q,B) \tag{2-14}$$

联立式（2-11）、式（2-14）即可求解 v 值。

根据黄河刘家峡、盐锅峡河段观测资料，建立稳定流速与流量、水面宽的关系如下[4]：

$$v = 0.71\frac{Q^{0.35}}{B^{0.36}} \tag{2-15}$$

计算步骤如下：

（1）根据预报或某设计频率（与实测拟合时为实测值）确定冰花总量（即冰塞体冰量）及最高壅水期平均流量。

（2）初步确定冰塞头部及尾部的位置。冰塞头部可取断面平均流速 $v = 0.3 \sim 0.4$ m/s 位置。尾部可据地形、流速条件判定，一般选在比降陡、流速大，且下游冰塞壅水后又难以改变该地水力条件的位置。

（3）把冰塞河段划分成若干计算河段,选用合适的冰盖糙率及河床糙率,并计算各断面的综合糙率。进行万家寨水库冰塞计算时,河床糙率按《黄河万家寨水利枢纽初步设计说明书·工程规划》提供的淤积河道糙率,综合糙率取 0.05 左右,冰塞头部糙率比冰塞尾部糙率稍大。

（4）联立式（2-11）、式（2-15）则可分别计算出各断面的稳定流速及水面宽。

（5）根据式（2-13）计算各断面的稳定比降。

（6）从假定头部位置的水位,按各断面计算的稳定比降向上游推得各断面的冰塞壅水位（稳定冰面高程）。

（7）由推得的水位减去水面宽对应的水位,即可求出各断面的冰塞厚度。

（8）据各断面的冰塞厚度计算总冰量,并与预报或某设计频率（与实测拟合时为实测值）的总冰量比较,若计算的堆冰量与给定冰量不相符,重新假定冰塞头部,重复上述计算步骤,直至两者基本相符。

2. 方法二（概化直角梯形法）

综合糙率计算公式：

$$n_{cp} = \left(\frac{n_b^{\frac{3}{2}} + n_i^{\frac{3}{2}}}{2} \right)^{\frac{2}{3}} \tag{2-16}$$

冰塞稳定期断面稳定流速采用刘家峡至盐锅峡河段率定的稳定流速与流量、水面宽的关系：

$$v = 0.71 \frac{Q^{0.35}}{B^{0.36}} \tag{2-17}$$

万家寨河段大断面封冻期断面水力半径为：

$$R \approx \frac{H}{2} \tag{2-18}$$

由曼宁公式计算流速：

$$v = \frac{1}{n_{cp}} R^{\frac{2}{3}} j^{\frac{1}{2}} \tag{2-19}$$

比降：

$$j = \frac{v^2 n_{cp}^2}{(H/2)^{4/3}} \tag{2-20}$$

各断面冰面高程由下式递推：

$$G_{i+1} = G_i + (D_{i+1} - D_i) j_i \tag{2-21}$$

冰量计算公式为：

$$W_{i+1} = W_i + (K_i + K_{i+1})(B_i + B_{i+1})(D_{i+1} - D_i)/4 \tag{2-22}$$

式中：Q 为稳定冰塞期流量,m^3/s；H 为平均水深,m；B 为冰面宽；n_{cp} 为综合糙率；n_b 为河床糙率；n_i 为冰盖底部糙率；v 为平均流速,m/s；R 为水力半径,m；j 为冰塞水面比降；G 为冰面水位,m；D 为断面距坝距离,m；W 为冰量,m^3；K 为冰塞厚度,m；下标 i 为断面序号。

计算步骤如下：

（1）根据两年的库区实测冰体，将冰塞体概化为一直角梯形，参考盐锅峡河段冰塞头部长度，下底长一般为 3～5 km，根据实测资料确定冰塞体尾部与头部的比例，一般为1:12左右。

（2）根据设计冰量，确定冰塞厚度沿程分布，经用实测资料率定，冰塞体厚度沿程递减率为 0.293 m/km。

（3）根据起调水位，确定冰塞体的头部和尾部。

（4）取冰塞头部断面作为上边界条件，向后推演。该断面水位即为起调水位，根据水位、冰塞厚度及断面资料计算起始断面的过水面积、水面宽及水深。

（5）由式(2-17)计算起始断面的平均流速，所用流量采用冰塞稳定期入库站头道拐的日平均流量。

（6）由式(2-16)计算断面的综合糙率。河床糙率取汛后冲淤平衡后的糙率；冰盖底部糙率，经分析并参考相关资料，认为可根据冰塞体的头部、中部和尾部分段取值。

（7）由式(2-20)计算比降。

（8）由初始断面的冰面高程、比降和与下一断面的间距，由式(2-21)即可计算出下一断面的冰面高程。

依次递推，重复步骤(4)~(8)，直至计算到冰塞尾部，即可推演出各断面的冰塞壅高水位。

（9）冰量计算，利用计算的冰量与给定的设计冰量进行比较，可以检验概化的冰塞体比例是否正确，若不正确，可重新率定。冰量由式(2-22)计算，该式计算的冰量是由头部逐渐向上叠加，算到尾部断面，即为整个冰塞体的冰量。

2.4.2.4 冰塞壅水计算成果

1. 1998～1999 年度、1999～2000 年度和 2000～2001 年度实测模拟计算结果

实测模拟计算分别采用如下两种方法进行计算。

1）第一种方法的计算成果

1998～1999 年度，根据实测资料，封河发展期头道拐流量为 500 m³/s，水库起调水位为 959 m，经计算拐上冰塞壅水位为 983.62 m，实测值 983.50 m，误差为 0.12 m，计算冰面线与实测冰面线的平均误差（各断面误差的绝对值的和与断面数之比，下同）为 0.32 m，各断面计算冰面线与实测冰面线拟合情况见图 2-3。可以看出，这种方法计算的结果与实测值拟合较好。

1999～2000 年度，根据实测资料，封河发展期头道拐流量为 450 m³/s，水库起调水位为 959 m，经计算拐上冰塞壅水位为 983.53 m，实测值 983.07 m，误差为 0.46 m。计算冰面线与实测冰面线的平均误差为 0.49 m，各断面计算冰面线与实测冰面线拟合情况见图 2-4。用这种方法计算的结果与实测值拟合比较好。

2000～2001 年度，根据实测资料，封河发展期头道拐流量为 350 m³/s，水库起调水位为 959 m，经计算拐上冰塞壅水位为 983.21 m，实测值 983.30 m，误差为 -0.09 m。计算冰面线与实测冰面线的平均误差为 0.38 m，各断面计算冰面线与实测冰面线拟合情况见图 2-5。用这种方法计算的结果与实测值拟合比较好。

万家寨水库封河期拐上冰塞壅水位计算与实测比较见表 2-8。

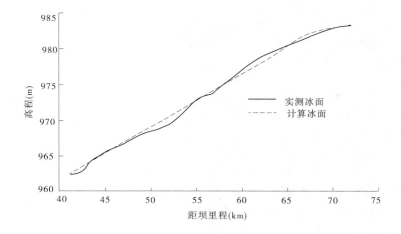

图 2-3　1998～1999 年度计算冰面线与实测冰面线拟合情况

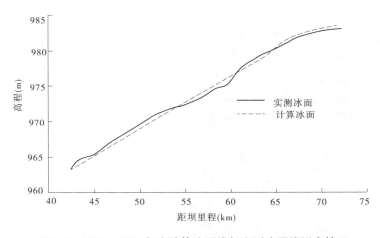

图 2-4　1999～2000 年度计算冰面线与实测冰面线拟合情况

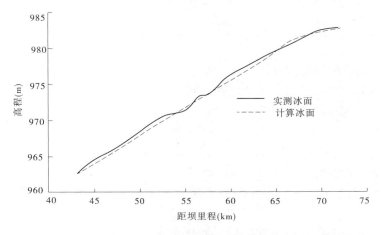

图 2-5　2000～2001 年度计算冰面线与实测冰面线拟合情况

表 2-8　万家寨水库封河期拐上冰塞壅水位计算与实测比较　　　（单位：m）

项目		1998～1999 年度	1999～2000 年度	2000～2001 年度
拐上冰塞壅水位	实测	983.50	983.07	983.30
	计算	983.62	983.53	983.21
	计算－实测	0.12	0.46	−0.09

2）第二种方法的计算成果

1998～1999 年度,计算拐上冰塞壅水位为 983.63 m,实测值为 983.50 m,误差仅有 0.13 m。1999～2000 年度,计算拐上冰塞壅水位为 982.98 m,实测值为 983.07 m,误差仅有 −0.09 m。2000～2001 年度,计算拐上冰塞壅水位为 983.79 m,实测值为 983.47 m,误差为 −0.32 m。

经与方法一的计算结果比较,两者所得结果基本相符,所得结论一致。详细结果不再赘述。

2. 按原设计条件 975 m 时冰塞壅水计算结果

将冰量分为四个等级：1 000 万 m³、2 000 万 m³、3 000 万 m³、4 000 万 m³。将封河流量分为三个标准：450 m³/s、600 m³/s、700 m³/s。由冰量和流量按方法一计算原设计封河发展期库水位 975 m 拐上冰塞壅水位。

计算结果见表 2-9。由表可知,按原设计封河发展期库水位 975 m 运行时,拐上冰塞壅水位均超过移民高程 984 m。

表 2-9　封河发展期库水位 975 m 不同冰量、入库流量的拐上冰塞壅水位计算结果　　（单位：m）

流量（m³/s）	不同冰量（万 m³）的拐上冰塞壅水位			
	1 000	2 000	3 000	4 000
450	984.84	986.24	987.27	988.19
600	985.05	986.25	987.31	988.20
700	985.26	986.31	987.35	988.21

2.4.2.5　流凌封河期调度方案

水库不同起调水位,其回水末端位置不同。起调水位越高,回水末端越靠上游,在相同冰量情况下,冰塞体的位置就越靠上,则冰塞壅水范围越靠上游,造成灾害的可能性就越大。

制订封河期调度预案,将冰量分为四个等级,即 1 000 万 m³、2 000 万 m³、3 000 万 m³、4 000 万 m³。将封河流量分为三个标准：450 m³/s、600 m³/s、700 m³/s。由冰量和流量按照方法一计算拐上 984 m 移民高程下安全封河发展期水库水位。计算结果如表 2-10 所示。

可以看出,在封河流量小于 700 m³/s 的前提下,来冰量在 1 000 万 m³ 以下时,封河发展期水库水位应当为 967～971 m;来冰量为 1 000 万～2 000 万 m³ 时,封河发展期水库水位应当为 964~967 m;来冰量为 2 000 万~3 000 万 m³ 时,封河发展期水库水位应当为 961~964 m;来冰量为 3 000 万~4 000 万 m³ 时,封河发展期水库水位应当为 959~961 m。

表 2-10　984 m 移民高程下安全封河发展期水库水位

流量(m³/s)	不同冰量(万 m³)的水库水位			
	1 000	2 000	3 000	4 000
450	970.90	964.78	961.54	959.90
600	969.00	964.20	961.40	959.00
700	967.30	963.50	960.70	958.90

由于每年的水力条件和热力条件不同,造成每年的凌汛特点不同,所以每年凌汛期水库实时调度的具体情况也不同。决定初始封河期调度方案的主要因素是流量和冰量。因此,制订初始封河期水库调度方案需要预报初始封河期的流量和冰量,流量可以用流量演算方法预报,由于万家寨水库流冰主要是在 11 月和 12 月,冰量的大小主要受流量和气温影响,所以计算万家寨水库初始封河日期的冰量用 11~12 月的月平均气温和平均流量,利用 1998~1999 年度、1999~2000 年度、2000~2001 年度的实测资料率定计算公式如下:

$$W_t = 9.3 \times |T_{11,12}|^{-0.5} \times Q_{11,12}^{0.992} \qquad (2-23)$$

式中:$T_{11,12}$ 为 11~12 月平均气温,℃;$Q_{11,12}$ 为 11~12 月平均流量,m³/s;W_t 为预报冰量,万 m³。

有了流量气温预报值,即可预报来冰量,从而为制订万家寨水库封河期调度方案提供参考。

2.4.3　稳封期水库运用方式

在稳定封冻期,形成了稳定冰盖,冰盖厚且强度大,河道内不再生产冰花,凌情水情都比较稳定,一般不会发生凌灾,所以这时可以适当抬高水库运用水位。参照天桥水电站运用经验,在稳定封河期,当坝前库区河段稳定封冻后,当库尾没有严重冰塞,库尾没有发生严重灾情时,为充分利用有效库容,提高水能利用率,尽量发挥电站的经济效益,在封冻期库水位的基础上,应适当抬高。

2.4.4　开河期冰坝及水库调度方式

万家寨库区开河期主要问题是冰坝壅水问题,因此制订开河期水库调度方案必须分析冰坝形成原因、冰坝垮坝的影响因素,特别是水库运用水位与冰坝壅高水位之间的关系。

2.4.4.1　冰坝的形成及壅水计算

1. 冰坝的形成

流冰在河道内受阻,冰块上爬下插或挤压堆积形成阻水冰堆体,犹如在河道中筑起一座拦水浮坝,严重阻塞过水断面,使上游水位显著壅高,这种现象称为冰坝。冰坝有四个主要特点：一是冰坝一般由大块质地坚硬的冰块上爬下插堆积而成；二是冰坝从形成到消失的时间一般比较短；三是冰坝溃决时常有凌峰产生，且沿程递增；四是冰坝造成的壅水或溃决形成的凌峰都可能造成较大灾害。

1）冰坝形成过程

冰坝多发生在河流解冻开河期，尤其多发生在"武开河"或"半文半武开河"时。冰坝常形成于冰盖厚、强度大而延迟解冻的地方，例如河流由低纬度流向高纬度的河段，河流急弯、狭窄段、水库回水末端、河流汇合口以及冬季冰塞河段处等。冰坝形成后，上游水位急剧上升，下游水位急剧下降。当冰坝发展到一定规模，承受不了上游冰水压力时，便突然溃决，以更多的水量和冰量、更快的速度冲向下游，而在下游弯曲、狭窄以及固封河段卡冰阻水，再次形成冰坝。冰坝溃决形成的凌峰流量，往往是沿程递增的。冰坝的形成和溃决过程，常常造成冰凌灾害。

从万家寨水库库区河道特性考察分析可知，距大坝53～63 km的库区牛龙湾河道，断面宽度和河床比降变化较大，同时又是支流浑河的汇流区，冰凌在此常常下泄不畅，具备形成冰坝的河道边界条件，容易形成卡冰结坝。

冰坝是热力、动力、河道特征等多种因素综合作用的结果。其主要形成条件可以归纳为三个方面：一是上游河段有足够数量和强度的流冰量；二是有输移大量冰块的水流条件；三是有阻止流冰下泄的边界条件，如河道比降由陡变缓河段、水库回水末端、河道有桥梁等阻水建筑、河口附近和质地坚硬冰盖河段等。

2）冰坝的形态

冰坝的形态分为头部和尾部两部分。头部是冰块堆积部位，"潜游冰坝"头部由不规则多层冰堆积组成，并向两岸扩展，冰坝主要由冰盖体支撑。"堆积冰坝"在岸边有一个楔形的冰堆区，堆冰和岸边结合成为冰坝的应力支撑。头部的高度能反映上游壅水位的高度，头部的冰块有少部分冻结在一起，大部分堆积在一起，冰块之间能渗漏水流。在头部的上游方向漂浮密集的单层冰决，形成冰坝的尾部。冰坝的坝头一般高出水面2～3 m，高的可达5～6 m。冰坝的长度有两种情况，如果是在开河时新生成冰坝，则长度较短，从1 km左右到几千米长，如果是在冬季冰塞基础上形成的冰坝，则可长达数千米，甚至十几千米，总的说来，冰坝的长度一般比冰塞要短。

3）冰坝类型

冰坝类型复杂，尚无公认分类标准。目前多从冰坝的形成条件、壅水高度和形态结构等方面对冰坝进行分类。根据冰坝的形成条件可分为潜游冰坝和堆积冰坝。潜游冰坝即流冰在冰盖前缘上爬下插形成的冰坝，常发生在上游先解冻开河、下游晚开河河段。开河时上游为解冻流冰区，提供大量的流冰和释放的槽蓄水增量，下段为未解冻的冰盖区。上游河段下泄大量的冰块和水能引起沿途水鼓冰裂，当遇到坚固的冰盖时就发生挤压并上爬下插，形成"潜游冰坝"，这种冰坝的形成主要取决于上游的来冰和来水的能量，这种能量足以使流冰在冰盖前缘前潜入冰盖下或挤上冰盖面。堆积冰坝，即原冰破碎后在弯道、狭窄、浅滩处堆积或冰盖本身受破坏挤压聚积而成的冰坝。这种冰坝的形成主要取决于有较大的水力作用促使冰盖破碎和有利的河道边界条件使冰块容易挤压、堆积。黄河上的冰坝大多是由以上两种结合而产生的。

黑龙江水文总站根据松花江下游阻塞流冰的条件,将冰坝分为盖面阻塞型、束窄阻塞型、弯曲阻塞型、底部阻塞型、分支阻塞型和综合型等。黄河水利委员会山东黄河河务局根据黄河下游冰坝产生的位置,将冰坝分为河口型、宽河河道型和窄河河道型。

4)冰坝的演变

冰坝的生消和冰塞一样分为三个阶段:形成阶段、稳定阶段和溃决阶段。从流冰受阻堆积至出现最高壅水位前为形成阶段;冰坝壅水位达到最高时,坝体的各种受力(水流推动力、冰坝重力、冰坝上下水压力差、冰块间和坝岸间的摩阻力、惯性力等)达到相对平衡为稳定阶段;因热力作用,冰的强度减小,当上游的冰水压力超过冰坝自重和坝体支撑摩擦力,即坝体受力平衡遭到破坏时而溃决。

冰坝从形成到消失历时很短,一般是1~2 d,短的只有几个小时,长的有十几天。冰坝生消时间比冰塞要短得多,这是因为冰塞在封河阶段形成,也即气温是逐渐下降的,冰塞冻结成整体,冰的强度和厚度不断增加,而冰坝是在解冻开河阶段形成的,气温是上升趋势,冰质逐渐变松,冰块间有流水起润滑作用,上游来水涨势很快,形成很高的水头压力。

冰坝形成后,下游水位下降,上游水位急骤上涨,造成上下游水位很大的落差。当冰盖或岸边支撑力承受不了上游的冰水压力,加上解冻时气温上升,冰质变松,引起冰坝断裂、滑动、溃决。冰坝溃决后以更多的冰水、迅猛的速度向下游推进,若在下游又遇到坚固的冰盖或遇到弯道、束窄、浅滩河段,则会再次形成新的冰坝,再次壅水。有时在一个时段内,同时形成数个冰坝,称梯级冰坝,上段冰坝溃决造成下段梯级冰坝的连锁溃决。冰坝的形成和溃决常常会造成严重的冰凌灾害。

2.冰坝壅水计算

冰坝产生的具体时间和地点难以掌握,根据经验,冰坝的产生与当地当时的水力条件和河道边界条件有关。在固定边界条件下,冰坝的形成和水力条件关系很密切,与形成冰塞条件一样,亦可以用水流弗劳德数来判别。

冰坝的壅水水位(H_0)和水力、热力因子有关。水力因子可用上游凌峰流量(Q_m)及堆冰厚度(h_i)表示,热力因子用平均气温(T_a)表示,可建函数关系 $H_0 = f(Q_m, h_i, T_a)$。冰坝数量(N)与凌峰大小(或凌峰流量 Q_m 与开河前流量 $Q_前$ 之比 $r = Q_m/Q_前$)和冰盖厚(h_i)有关,凌峰越大表示开河时动力越大,冰盖越厚则表示开河阻力越大。根据经验可以建立 $N = f(r, h_i)$ 函数关系。

冰坝壅水水位的高低直接关系着冰凌灾害程度和影响范围。冰坝壅高水位 H 取决于研究河段的流量、冰或冰花堆积厚度,以及水力和地形特性。

根据苏联 P. B. 多钦科等研究,认为冰坝壅高水位 H 是冰或冰花堆积上游边缘河深的函数:

$$H = f(h) \tag{2-24}$$
$$h = e^{\alpha} \cdot I^{0.3} \cdot h_0 \tag{2-25}$$

式中:H 为冰坝壅高水位;h 为冰坝上游水深;I 为冰坝河段的河槽比降;h_0 为畅流期平均水深;α 一般取 2.85 ± 0.15。

利用式(2-24)、式(2-25)可以确定无直接观测资料河段的冰坝壅高水位。计算万家寨水库冰坝时,α取3;万家寨库区河道比降大约为1‰,因此$e^{\alpha I^{0.3}}=2.53$。

根据回水曲线计算公式,给定流量,可计算出畅流期水位;根据河底高程就可确定相应水深h_0。开河时开河流量为700~1 000 m³/s,据此可计算出水库起调水位在960 m时冰坝上游平均水深h_0大约为3 m,这样可根据式(2-24)计算出可能的壅高水位:$H=2.53\times3=7.59$(m)。形成冰坝前河道水深为2~3 m,因此冰坝壅水高度为5 m多。计算结果与天桥水电站末端冰坝最大壅水高度5.5 m较为接近。

开河期库水位970 m,流量1 000 m³/s、2 000 m³/s,相应987 m的出水高度分别见表2-11和表2-12。距坝67.57 km以内出水高度均在5 m以上,距坝69.77~72.10 km拐上范围内出水高度均不足5 m。

表2-11　开河期库水位970 m,流量1 000 m³/s相应987 m的出水高度

序号	断面编号	断面里程（km）	水位（m）	987 m出水高度（m）
1	WD01	0.80	970	17
2	WD02	1.87	970.01	16.99
3	WD04	4.00	970.01	16.99
4	WD06	6.73	970.02	16.98
5	WD08	9.20	970.02	16.98
6	WD11	11.73	970.02	16.98
7	WD14	13.93	970.03	16.97
8	WD17	17.06	970.03	16.97
9	WD20	19.99	970.04	16.96
10	WD23	22.32	970.04	16.96
11	WD26	25.18	970.05	16.95
12	WD28	27.18	970.05	16.95
13	WD30	28.84	970.06	16.94
14	WD32	30.51	970.06	16.94
15	WD34	32.38	970.07	16.93
16	WD36	35.04	970.07	16.93
17	WD38	37.24	970.08	16.92
18	WD40	38.51	970.08	16.92
19	WD42	41.04	970.09	16.91
20	WD43	42.38	970.09	16.91
21	WD44	43.18	970.10	16.90
22	WD46	44.98	970.11	16.89

序号	断面编号	断面里程（km）	水位（m）	987 m 出水高度（m）
23	WD48	46.64	970.11	16.89
24	WD50	48.97	970.13	16.87
25	WD52	52.11	970.17	16.83
26	WD54	55.04	970.34	16.66
27	WD56	56.50	971.49	15.51
28	WD57	57.17	972.04	14.96
29	WD58	58.37	972.88	14.12
30	WD59	59.70	974.76	12.24
31	WD60	61.44	976.23	10.77
32	WD61	63.70	978.16	8.84
33	WD62	65.90	980.35	6.65
34	WD63	67.57	981.65	5.35
35	WD64	69.77	982.57	4.43
36	WD65	72.10	982.97	4.03

表 2-12　开河期库水位 970 m、流量 2 000 m³/s 相应 987 m 出水高度

序号	断面编号	断面里程（km）	水位（m）	987 m 出水高度（m）
1	WD01	0.80	970	17
2	WD02	1.87	970.01	16.99
3	WD04	4.00	970.01	16.99
4	WD06	6.73	970.02	16.98
5	WD08	9.20	970.02	16.98
6	WD11	11.73	970.02	16.98
7	WD14	13.93	970.03	16.97
8	WD17	17.06	970.03	16.97
9	WD20	19.99	970.04	16.96
10	WD23	22.32	970.04	16.96
11	WD26	25.18	970.05	16.95
12	WD28	27.18	970.05	16.95
13	WD30	28.84	970.06	16.94
14	WD32	30.51	970.06	16.94

序号	断面编号	断面里程（km）	水位（m）	987 m 出水高度（m）
15	WD34	32.38	970.07	16.93
16	WD36	35.04	970.07	16.93
17	WD38	37.24	970.08	16.92
18	WD40	38.51	970.08	16.92
19	WD42	41.04	970.09	16.91
20	WD43	42.38	970.10	16.90
21	WD44	43.18	970.10	16.90
22	WD46	44.98	970.12	16.88
23	WD48	46.64	970.14	16.86
24	WD50	48.97	970.17	16.83
25	WD52	52.11	970.31	16.69
26	WD54	55.04	970.89	16.61
27	WD56	56.50	972.81	14.19
28	WD57	57.17	973.45	13.55
29	WD58	58.37	974.17	12.83
30	WD59	59.70	975.64	11.36
31	WD60	61.44	977.29	9.71
32	WD61	63.70	979.13	7.87
33	WD62	65.90	981.19	5.81
34	WD63	67.57	982.60	4.40
35	WD64	69.77	983.81	3.19
36	WD65	72.10	984.35	2.65

对万家寨水库相应 987 m 的出水高度和可能影响的范围预测如下：

1998～1999 年度、1999～2000 年度、2000～2001 年度凌汛期封、开河形成的冰塞、冰坝灾害很大程度是由于牛龙湾处特殊地形条件阻冰的结果。牛龙湾位于库水位 970 m 回水末端，也就是说，库水位在 970 m 以下，形成的冰坝可能与 1998～1999 年度、1999～2000 年度、2000～2001 年度情形大致相同。

如果水库水位高于 970 m，一旦形成冰坝，遇较严重的冰情，在库尾附近，冰坝壅高水位可能超过移民高程，造成冰凌灾害。

综上分析，为了减轻头道拐以下河段的防凌负担，有利于冰凌入库，水库开河期的库水位不宜过高。

2.4.4.2 冰坝溃决的影响因素

根据 1999 年、2000 年、2001 年开河期万家寨库区冰坝发展情况,影响冰坝溃决下移的因素主要包括三个方面:①随着冰坝发展,冰坝本身上下游水位差逐渐增大;②头道拐开河流量增大,水流动力作用变强;③万家寨水库水位降低的作用。冰坝的溃决是上述三个方面共同作用的结果。当然,冰坝的溃决还取决于冰坝自身情况,包括冰坝体积大小、冰质密集度等。

冰坝形成后,由于上游来水来冰受阻,冰坝壅水不断抬高,冰坝上下游水位差逐渐增大,冰坝体承受水压力越来越大。在此作用下,一旦壅冰河段上下游水位差达到一定的临界高度,冰坝就可能发生溃决。表 2-13 为 1998~1999 年度、1999~2000 年度冰堆体溃决条件。

表 2-13   冰堆体溃决时上下游水位差及上游来流量统计

冰凌卡塞时间	水位差(m)	上游来流量(m³/s)	溃决时坝前水位(m)
1998~1999 年度开河期冰坝	6.50	1 000	939.80
1999~2000 年度封河期冰塞	7.75	700	956.00
1999~2000 年度开河期冰坝	5.00	1 200	947.00

2.4.4.3 封河期库水位对开河的影响

万家寨凌汛期原设计封河发展期水位 975 m,水库初期运用的三年凌汛期水库降低水位运用,水库封河水位维持在 960 m 左右,由于牛龙湾特殊地形条件,易卡冰形成冰坝,其影响范围有限。但 1999 年曾在喇嘛湾大桥上下形成冰桥,从防凌安全考虑,低水位运用比较安全。在原移民高程(984 m)不变的情况下,封河库水位不宜太高。但对水库而言,这种运用方式将影响水库的经济效益。

如果水库按设计水位(975 m)运行,从理论上分析,易卡冰的牛龙湾就位于库区淹没范围内,库尾可能不会形成大的冰堆体,大部分河道将可能平封,水库掌握主动权,通过调节水库水位控制冰凌下泄,因此可能对开河形式比较有利,降低库水位对流冰的入库作用比较明显。但是在 984 m 移民高程下,封河时形成的冰塞以及开河形成的冰坝壅水将可能影响库尾以上河段,况且,由于河道条件恶化,一旦在库尾形成冰坝,损失将更大,应考虑抬高移民水位,并逐步试验抬高封河库水位。

2.4.4.4 开河期水库运用

开河期水库运用的原则应根据气象、水情、冰情等因素,防凌与发电两者统筹兼顾,在保证凌汛期安全的基础上,又要兼顾万家寨水库发电经济利益,前提是水库发电必须服从防凌安全。

开河期主要问题是上游来冰在库尾河段受阻不能顺利入库。根据前面分析,在一定条件下,通过降低库水位,可促使冰坝溃决,为冰凌顺利入库创造有利条件。

因此,降低库水位的时机一定要选择得当,必须根据上游来冰情况、槽蓄水增量释放情况,掌握时机降低水位,不能过早提前降低水位,否则作用不大,同时造成不必要的发电损失;要待该地区气温已经开始回升,库尾以上河段有开河迹象,同时头道拐流量逐步增大,就可以逐步降低水位。降低水位的程度,视冰凌具体情况,以及上游来冰情况,这样促使库尾河段顺利开河,并使冰凌能尽量入库。

如果水库运用水位封河发展期维持在960 m左右,在牛龙湾附近必然卡冰,开河时可能在该处形成较为严重的冰坝情况。

形成冰坝后,要根据冰坝发展情况和头道拐流量大小,择机逐步降低库水位,一般情况不要低于952 m(万家寨水库最低发电水位)。

2.5 小 结

(1)万家寨水库运用对库区的影响。万家寨水库修建后,改变了万家寨库区河道天然形态,凌汛期水库运用使拐上至坝址多年不封河的河段变为稳定封河河段,并在封开河期分别形成冰塞、冰坝,产生一定的不利影响。

(2)万家寨水库运用对河曲河段及天桥水电站凌汛的影响。一方面,万家寨水库拦截了上游冰凌来源,减轻了下游河曲河段的冰凌压力,同时由于万家寨水库底孔泄流水温偏高,可减少产冰量,使封冻河段长度减小,封河时间缩短,对河区河段与天桥水电站防凌较为有利。另一方面,由于河曲段仍有大量储冰,在凌汛期间如果万家寨水库泄流忽大忽小,或突然大幅度增加泄流量,极易造成河曲河段"武开河",形成卡冰结坝,将对沿河村镇及天桥水电站造成严重的不利影响。

(3)在原来984 m的移民高程条件下,为保证库区防凌安全,水库不能按正常设计水位运用,经济效益损失较大,建议提高移民高程至987~988 m;为安全起见,移民须安置在990 m以上(该建议已被采纳,现移民水位为987 m)。

(4)凌汛期不同阶段水库运用水位。万家寨水库凌汛期运用的基本原则是在保证防凌安全的前提下,兼顾发电效益。为保证库区防凌安全,在流凌封河发展阶段,水库应保持较低水位运行;上游河段进入稳封期以后,适当抬高水位运行,以保证水库发电效益;开河期,要降低库水位运行,以保证库区防凌安全。

水库运用初期,为充分保证防凌安全,需要降低库水位运行;随着防凌调度经验的积累和移民水位的提高,在确保库区防凌安全的前提下,可以适当抬高水库凌汛期运行水位,以保证水库经济效益。

(5)水库排沙运用。万家寨水库凌汛开河期可以结合防凌进行排沙,减少库区淤积,提高水库利用效率。龙羊峡、刘家峡水库的联合运用改变了万家寨水库来水形势,汛期洪水通常较小,很难进行水库排沙;凌汛开河期,随着内蒙古河段槽蓄水增量的迅速释放,通常会出现含沙量很小而流量较大的凌汛洪水过程,建议研究制订凌汛洪水的水库排沙减淤方案,既有利于防凌安全,又有助于水库减淤。

(6)要高度重视库尾泥沙淤积。随着上游水库的建成运用和引黄用水量的增多,进入万家寨水库的洪水过程减少,加上内蒙古十大孔兑等多沙支流的汇入,万家寨水库在今后的实际运行过程中,需高度重视库尾泥沙的淤积问题。应对水库泥沙淤积形态和淤积部位加强观测,跟踪研究,适时排沙,防止形成水库拦门沙。

第 3 章 头道拐水文站小流量过程变化及影响因素

头道拐水文站是黄河干流进入中游的把口站,位于东经 111°04′、北纬 40°16′。黄河在这里拐了个"急"弯,从高纬度的自西向东转为由北向南流向低纬度。这一特殊的地理位置,使得头道拐站在黄河内蒙古河段防凌中具有举足轻重的地位,头道拐水文站位置见图 3-1。

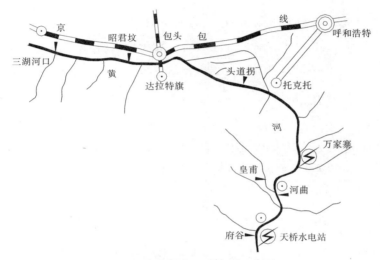

图 3-1 头道拐水文站位置示意图

内蒙古河段位于黄河流域最北端,自石嘴山麻黄沟入境,河道由南向北经三盛公水利枢纽,向东北折到羊盖补隆,再转向东南至三湖河口,又自西向东经包头折向东南奔向喇嘛湾,然后流向改为由北向南,经万家寨、龙口水利枢纽从榆树湾出境,河长 840 km。总体来说,河宽坡缓,弯道多,弯曲度大,头道拐以上河道比降"上大下小",河床由上游窄深逐渐向下游变为宽浅,昭君坟至头道拐河段有明显的平原河床特性,比降仅为 0.15‰ ~ 0.10‰。黄河内蒙古河段河道基本特征统计见表 3-1。

表 3-1 黄河内蒙古河段河道基本特征统计

自治区	河段名	河型	河长 (km)	平均河宽 (m)	主槽宽 (m)	比降 (‰)	弯曲度
内蒙古	麻黄沟—乌达公路桥	峡谷型	69.0	400	400	0.56	1.50
	乌达公路桥—三盛公	过渡型	106.6	1 800	600	0.15	1.31
	三盛公—三湖河口	游荡型	205.6	3 500	750	0.17	1.28
	三湖河口—昭君坟	过渡型	126.4	4 000	710	0.12	1.45

自治区	河段名	河型	河长（km）	平均河宽（m）	主槽宽（m）	比降（‰）	弯曲度
内蒙古	昭君坟—喇嘛湾	弯曲型	214.1	上段 3 000 下段 2 000	600	0.10	1.42
	喇嘛湾—榆树湾	峡谷型	118.5				
合计	麻黄沟—榆树湾		840				

3.1 头道拐断面凌情变化

内蒙古河段受河道形态、水文条件、气象条件等自然因素与人类活动因素影响，每年凌情都存在差异[5]。其表现在封开河日期的提前或推迟，稳定封冻期的长短，封冻期槽蓄水增量多少，可能形成的冰塞、冰坝灾害，以及首封后头道拐断面的小流量现象等。

3.1.1 封河期日均流量

1986 年龙羊峡水库和刘家峡水库联合运用，1998 年万家寨水库投入运用。按照龙刘水库（即龙羊峡水库、刘家峡水库，下同）和万家寨水库的不同运用时间，分析头道拐水文站 1986～1997 年和 1998～2009 年各凌汛年度（11 月 1 日至翌年 3 月 31 日）日平均流量均值的变化（见图 3-2）。

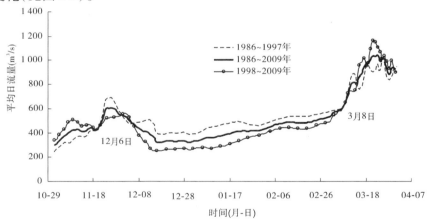

图 3-2　头道拐水文站不同时段多年平均日均流量过程线

从图 3-2 可以看出，12 月 6 日和 3 月 8 日基本上是 3 条过程线的交点。12 月 6 日至翌年 3 月 8 日基本上是头道拐多数年份的稳封期，在这稳封期的 93 d 里，1998～2009 年头道拐水文站的多年平均日均流量为 365 m³/s，比 1986～1997 年的 481 m³/s 减少了 116 m³/s，减少幅度为 24.1%（见表 3-2）；1998～2009 年多年平均日均流量最小值为 247 m³/s，比 1986～1997 年的 388 m³/s 减少了 141 m³/s，减少幅度为 36.3%（见表 3-2）。

表 3-2　头道拐水文站稳封期的 12 月 6 日至翌年 3 月 8 日平均日均流量对比

项目	1986 ~ 1997 年 ①	1998 ~ 2009 年 ②	1986 ~ 2009 年 ③	(②-①)/①
多年平均日均流量(m³/s)	481	365	423	-24.1%
多年平均日均流量最小值(m³/s)	388	247	319	-36.3%

3.1.2　封河前日均流量

1986 ~ 1997 年内蒙古河段封河前一天头道拐水文站多年平均日均流量为 531.3 m³/s,1998 ~ 2009 年的多年平均日均流量为 517.3 m³/s,略低于 1986 ~ 1997 年的均值。

1986 ~ 1997 年内蒙古河段封河前三天头道拐水文站多年平均日均流量为 538.5 m³/s,1998 ~ 2009 年的多年平均日均流量为 551.8 m³/s,略高于 1986 ~ 1997 年的均值。

总的来说,封河前一天或者前三天日均流量在上述两个时段变化不大,但是封河期日均流量呈现明显下降趋势。

3.2　小流量的概念及变化规律

本节首先阐明什么是内蒙古河段凌汛首封后的头道拐小流量,为什么要研究头道拐小流量或者说头道拐小流量究竟有什么危害或影响,首封后头道拐断面多大的流量才是小流量等。在阐述清楚上述基本概念和研究必要性之后,将进一步分析头道拐小流量的量级划分、时段划分和变化规律。

3.2.1　小流量的概念

内蒙古河段凌汛期首封后,水面出现封冻冰盖,河道流态发生变化,从无压畅流发展为有冰覆盖流态。此时,上游流冰一部分靠近冰盖冻结,冰盖向上延伸;一部分潜入冰盖下堆积形成冰花增加覆盖层厚度。

由于冰盖和冰花阻塞过水断面,湿周增大,糙率加大,水流速度减小,过水断面减小,上游来水被河道所截留,水位壅高,槽蓄水量增加。因此,初始封河后头道拐断面一般会出现明显的小流量过程。随着河段稳定封冻后,在水流的作用下,冰盖下的糙率变小,过流能力增强,流量逐渐恢复,上游来水传播到头道拐断面的流量随之增大。头道拐断面流量的恢复情况主要取决于上游来水、气温变化、河床边界等条件。

3.2.2　小流量的危害

内蒙古河段凌汛封河后头道拐小流量持续时间延长的首要危害是增加了头道拐以上河段的槽蓄水增量,抬高了水位,增大了内蒙古河段的防凌压力。

头道拐小流量过程一般开始于 11 月下旬或 12 月上旬,当此小流量到达黄河下游时已是翌年的 1 月,基本是下游气温最低的时候,在这种情况下,为避免发生下游的小流量封河,需要小浪底等水库补水。

3.2.3　小流量阈值的确定

内蒙古河段出现首封后,一般在头道拐水文站会出现一个明显的小流量过程,待河段稳封后流量会逐渐上升。黄河宁蒙河段凌汛期近期多年封河流量一般在 500 m³/s 左右,根据黄河水利委员会水文局凌汛流量预报经验,冰下过流能力一般最大能恢复到封河前流量的 70% ~ 75%,故通常以 350 m³/s 作为小流量界限。

本次采用频率分析方法进一步研究了头道拐水文站小流量阈值,目的是找出 350 m³/s 经验值与头道拐水文站凌汛期流量频率的关系,并互为佐证。资料为头道拐断面在龙刘水库联合运用以来的 1986 ~ 2009 年中 11 月 1 日至翌年 3 月 31 日凌汛期日均流量(见图 3-3)。

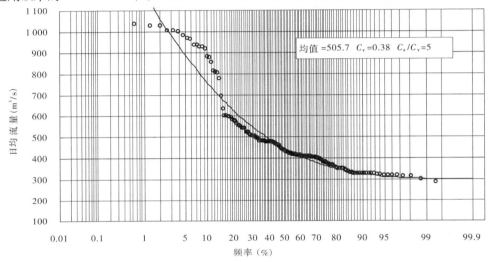

图 3-3　头道拐断面凌汛期日均流量频率曲线

借助于径流小于 87.5% 频率的值作为枯水系列[6],该频率对应的凌汛期头道拐日均流量为 336 m³/s;第二次黄河流域水资源综合规划将 75% 频率径流定为枯水系列[7],相应于该频率的日均流量为 369 m³/s(见表 3-3)。综合考虑这两个频率对应的日均流量,其均值为 352.5 m³/s,与 350 m³/s 的经验值接近。也就是说,头道拐水文站小流量上限阈值 350 m³/s 对应的凌汛期时间内频率约为 80%。

表 3-3　头道拐凌汛期小流量频率计算结果

年度	时段	统计参数			不同频率日均流量(m³/s)			
		均值(m³/s)	C_v	C_s/C_v	50%	62.5%	75.0%	87.5%
1986 ~ 2009	11 月至翌年 3 月	505.7	0.38	5	450	406	369	336

3.2.4　头道拐小流量变化特点

在内蒙古河段封河后,头道拐水文站流量减小,出现小于等于 350 m³/s 的小流量过程,经过一段时间,随着封河发展,流量逐渐增加,开始大于 350 m³/s,通常称为头道拐小流量过程结束。但是,也经常出现第一次小流量过程(以下称首段小流量过程)结束后,再次出现小于等于 350 m³/s 的小流量过程,然后恢复到 350 m³/s 以上,有时在一个凌汛期多次出现这种情况。以下对头道拐水文站首段小流量过程和整个凌汛期所有小于等于 350 m³/s 的历时分别进行统计分析(后者称为凌汛期小流量历时)。

3.2.4.1 头道拐水文站首段小流量过程

综合考虑内蒙古河段首封时间、首封地点、头道拐封河时间和小流量上限阈值范围,确定小流量过程起讫时间。龙刘水库联合运用以来的 1986 ~ 2009 年的 24 个年度,历年凌汛期内蒙古河段首封头道拐水文站首段的小流量变化情况见表3-4。

1. 首段小流量平均持续时间明显延长

1998 ~ 2009 年的小流量平均持续时间比 1986 ~ 1997 年的明显延长。1986 ~ 1997 年 12 个年度小流量持续时间平均为 17 d,1998 ~ 2009 年平均为 39 d(见表3-4、图3-4)。

表3-4 凌汛期内蒙古河段头道拐首段小流量变化情况

年度	首封		头道拐封河日期(月-日)	头道拐小流量过程			头道拐日均流量≤某量级的天数				
	时间(月-日)	地点		持续天数(d)	开始日期(月-日)	结束日期(月-日)	350 m³/s	300 m³/s	250 m³/s	200 m³/s	150 m³/s
1986 ~ 1987	11-15	头道拐	11-15	26	11-28	12-23	24	15	9	6	1
1987 ~ 1988	11-28	三湖河口	11-30	15	11-29	12-13	14	12	7	6	5
1988 ~ 1989	12-09	昭君坟	12-09	13	12-06	12-18	12	7	2	0	0
1989 ~ 1990	12-30	昭君坟	未封	20	12-31	01-19	18	0	0	0	0
1990 ~ 1991	12-01	三湖河口	12-02	7	12-02	12-08	6	4	0	0	0
1991 ~ 1992	12-12	三湖河口	12-28	37	12-14	01-19	36	28	10	4	0
1992 ~ 1993	12-16	头道拐	12-16	11	12-16	12-26	10	8	4	0	0
1993 ~ 1994	11-18	昭君坟	11-21	10	11-19	11-28	8	7	6	5	4
1994 ~ 1995	12-15	头道拐	12-15	23	12-15	01-06	19	11	8	3	0
1995 ~ 1996	12-08	头道拐	12-08	24	12-08	12-31	23	15	8	0	0
1996 ~ 1997	11-17	昭君坟	11-29	12	11-13	11-24	11	5	2	0	0
1997 ~ 1998	11-17	昭君坟	12-10	8	11-18	11-25	8	8	8	7	3
1998 ~ 1999	12-07	昭君坟	01-11	17	12-05	12-21	12	2	0	0	0
1999 ~ 2000	12-09	头道拐	12-09	47	12-09	01-24	46	38	30	15	0
2000 ~ 2001	11-16	包头	12-25	14	11-16	11-29	14	9	6	0	0
2001 ~ 2002	12-06	包头土默特右旗	12-13	37	12-07	01-12	36	33	29	26	1
2002 ~ 2003	12-09	三湖河口附近	12-15	65	12-09	02-11	63	58	47	34	0
2003 ~ 2004	12-07	乌兰河段羊场险工上游	12-13	41	12-07	01-16	39	30	24	16	0
2004 ~ 2005	11-28	包头南海子	12-28	41	12-25	02-03	39	34	25	15	1
2005 ~ 2006	12-04	包头	12-05	38	12-04	01-10	34	28	20	10	0
2006 ~ 2007	12-04	包头	12-16	41	12-06	01-15	36	30	13	5	0
2007 ~ 2008	12-11	头道拐	12-13	55	12-12	02-04	54	39	19	10	0
2008 ~ 2009	12-05	三湖河口断面上游 4 km	12-05	54	12-05	01-27	53	44	25	11	0
2009 ~ 2010	11-18	包头市磴口段	12-11	18	11-18	12-05	16	6	4	0	0
1986 ~ 1997	12-01	—		17	12-04	12-20	16	10	4.7	2.6	1.1
1998 ~ 2009	12-03	—		39	12-05	01-14	37	29	20	12	0.2

1986～1997 年和 1998～2009 年的两个时段内以下 4 组不同量级范围:[150,200)、[200,250)、[250,300)和[300,350]的小流量平均持续时间也均呈现增多趋势(见图 3-5)。

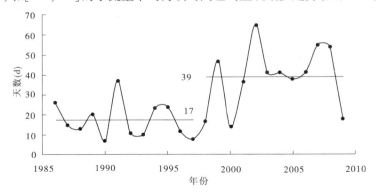

图 3-4　头道拐 1986～2009 年凌汛期各年小流量持续时间

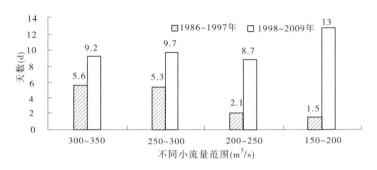

图 3-5　头道拐断面不同量级小流量平均持续时间

2. 持续时间极端高值次数明显增多

1998～2009 年头道拐小流量持续时间极端高值发生次数明显高于 1986～1997 年。这里定义小流量持续时间大于等于 50 d 为极端高值。1998 年之后的 12 年间,有 3 个年度出现极端高值,分别为 2002～2003 年度的 63 d、2007～2008 年度的 54 d 和 2008～2009 年度的 53 d;而之前的 12 年没有出现极端高值,仅 1991～1992 年度持续时间达 37 d,其余年份均低于 30 d。

3. 持续时间极端低值次数明显减少

1998～2009 年间头道拐小流量持续时间极端低值发生次数明显低于 1986～1997 年间。这里定义小流量持续时间小于等于 10 d 为极端低值。1998 年之前,有 3 个年度出现极端低值,分别为 1990～1991 年度的 7 d、1993～1994 年度的 10 d 和 1997～1998 年度的 8 d。1998 年之后,没有发生过极端低值现象,最短为 2000 年的 14 d。

3.2.4.2　头道拐水文站凌汛期小流量历时

统计 1998～2009 年间各凌汛年度内蒙古河段封河后头道拐日均流量小于等于 350 m³/s 的不同分段起讫时间及天数(见表 3-5),可见头道拐水文站凌汛期小流量历时 1986～1997 年间平均为 28 d,1998～2009 年间平均为 45 d。第二个时段的均值依然比第一个时段长 17 d。

表3-5　各凌汛年度内蒙古河段封河后头道拐日均流量小于等于350 m³/s的天数统计情况

年度	开始时间 (年-月-日)	终结时间 (年-月-日)	分段 (d)	分段合计(d)	年度	开始时间 (年-月-日)	终结时间 (年-月-日)	分段 (d)	分段合计(d)
1986 ~ 1987	1986-11-29	1986-12-22	24	37	1998 ~ 1999	1998-12-05	1998-12-10	6	43
	1986-12-30	1987-01-04	6			1998-12-15	1998-12-20	6	
	1987-02-14	1987-02-20	7			1999-01-08	1999-02-07	31	
1987 ~ 1988	1987-11-29	1987-12-12	14	25	1999 ~ 2000	1999-12-09	2000-01-23	46	46
	1988-01-28	1988-02-07	11		2000 ~ 2001	2000-11-16	2000-11-29	14	50
1988 ~ 1989	1988-12-06	1988-12-17	12	12		2000-12-14	2001-01-13	31	
1989 ~ 1990	1990-01-01	1990-01-18	18	18		2001-01-30	2001-02-03	5	
1990 ~ 1991	1990-12-02	1990-12-07	6	6	2001 ~ 2002	2001-12-07	2002-01-11	36	36
1991 ~ 1992	1991-12-14	1992-01-18	36	36	2002 ~ 2003	2002-12-10	2003-02-10	63	63
1992 ~ 1993	1992-12-16	1992-12-25	10	10	2003 ~ 2004	2003-12-08	2004-01-15	39	45
1993 ~ 1994	1993-11-20	1993-11-27	8	10		2004-02-16	2004-02-21	6	
	1993-12-27	1993-12-28	2		2004 ~ 2005	2004-11-29	2004-12-03	5	44
1994 ~ 1995	1994-12-16	1994-12-29	14	19		2004-12-26	2005-02-02	39	
	1995-01-01	1995-01-05	5		2005 ~ 2006	2005-12-05	2006-01-07	34	34
1995 ~ 1996	1995-12-08	1995-12-30	23	42	2006 ~ 2007	2006-12-08	2007-01-13	37	37
	1996-01-26	1996-01-31	6						
	1996-02-10	1996-02-22	13		2007 ~ 2008	2007-12-13	2008-02-04	54	54
1996 ~ 1997	1996-11-13	1996-11-23	11	47					
	1996-11-29	1996-12-03	5		2008 ~ 2009	2008-12-06	2009-01-27	53	53
	1997-01-27	1997-02-15	20						
	1997-02-22	1997-03-04	11						
1997 ~ 1998	1997-11-18	1997-11-25	8	75	2009 ~ 2010	2009-11-19	2009-12-04	16	35
	1997-12-03	1998-01-11	40			2009-12-30	2010-01-17	19	
	1998-01-19	1998-02-14	27						
1986 ~ 1997 年间的 12 个年度均值				28	1998 ~ 2009 年间的 12 个年度均值				45

注:1. 1994 年 12 月 30 日和 12 月 31 日的流量均为 352 m³/s,因此没有统计入本表,但是这 2 d 被计入首段小流量过程。

2. 2006 ~ 2007 年度,仅 2007 年 1 月 1 日的流量为 369 m³/s,超过 350 m³/s,但该日之前的 24 d 和之后的 12 d 流量均小于 350 m³/s。

3.3 小流量变化影响因素分析

针对1998～2009年的12个凌汛年度内蒙古河段首封头道拐小流量持续时间延长、极端高值发生次数明显增多、极端低值次数明显减少等现象,从上游来水、头道拐河段气温、万家寨水库运用等几方面分析其影响因素。

3.3.1 上游来水

3.3.1.1 上游站点的选择

黄河宁蒙引黄灌区干旱少雨,蒸发强烈,多年平均降水量为155～225 mm,多年平均蒸发能力为1 550～2 000 mm,是典型的无灌溉即无农业的地区。

宁蒙引黄水量在引黄灌区占有突出重要的地位。按照1987年国务院批准的黄河可供水量分配方案,在南水北调工程生效前,各省(区)河道外分水370亿 m³,其中宁夏和内蒙古可耗用黄河水量分别为40.0亿 m³和58.6亿 m³。宁蒙引黄灌区有效灌溉面积为8 588.8 km²。在灌区引黄水和当地地下水两水利用中,引黄水量最多,宁蒙引黄灌区占94%;宁夏和内蒙古引黄灌区农业用水量占总引黄水量的比例分别约97%和98%[8]。

为了将宁蒙引黄灌区耗水量对其下游干流站来水的影响减小到最少,本次选择距离头道拐水文站最近的上游两个水文站——巴彦高勒水文站和三湖河口水文站。

3.3.1.2 来水绝对值对比

首先计算1986～2009年间历年凌汛期头道拐首段小流量持续时间内的头道拐水文站日均流量的均值,再根据凌汛期日均流量传播时间,巴彦高勒—三湖河口为3 d、三湖河口—头道拐为5 d,反推历年三湖河口水文站和巴彦高勒水文站相应的日均流量的均值(见表3-6)。

表3-6　历年头道拐小流量期间巴彦高勒至头道拐三站日平均流量均值 　　（单位:m³/s）

年份	巴彦高勒	三湖河口	头道拐	年份	巴彦高勒	三湖河口	头道拐
1986	446	375	267	1998	690	639	338
1987	567	431	231	1999	576	455	238
1988	691	566	294	2000	512	491	270
1989	813	552	336	2001	467	265	204
1990	986	795	297	2002	371	301	218
1991	518	391	270	2003	496	365	238
1992	765	634	283	2004	446	278	240
1993	631	474	221	2005	485	344	250
1994	764	412	296	2006	594	445	267
1995	655	417	295	2007	521	441	273
1996	316	334	281	2008	507	416	262
1997	375	312	169	2009	505	466	302
1986～1997	627	474	270	1998～2009	514	409	259

经分析可知,1998～2009年小流量持续时间内头道拐日均流量均值为259 m³/s,比

1986～1997 年的 270 m³/s 减少了 11 m³/s,减少幅度为 4.2%;上游巴彦高勒站由 627 m³/s 减少到 514 m³/s,减少了 113 m³/s,减少幅度为 18.0%;三湖河口站由 474 m³/s 减少到 409 m³/s,减少了 65 m³/s,减少幅度为 13.7%。

1998～2009 年与 1986～1997 年相比,巴彦高勒、三湖河口、头道拐三站首段小流量期间的来水量均有所减少,但上站减少量大于下站。

3.3.1.3 河段的入泄比

用上游站与下游头道拐站的流量比值分析其对应河段来水入泄比,此值越大说明河段泄流比越小。同样根据凌汛期日流量传播时间,分别计算 1986～2009 年每年凌汛期头道拐首段小流量持续时间内上游两站平均流量占头道拐站平均流量的比例,然后计算历年该比例的均值,见表 3-7。

表 3-7　历年头道拐首段小流量期间巴彦高勒、三湖河口与头道拐的流量比

年份	巴彦高勒/头道拐	三湖河口/头道拐	年份	巴彦高勒/头道拐	三湖河口/头道拐
1986	1.67	1.40	1998	2.04	1.89
1987	2.45	1.87	1999	2.42	1.91
1988	2.35	1.93	2000	1.90	1.82
1989	2.42	1.64	2001	2.29	1.30
1990	3.32	2.68	2002	1.70	1.38
1991	1.92	1.45	2003	2.08	1.53
1992	2.70	2.24	2004	1.86	1.16
1993	2.86	2.14	2005	1.94	1.38
1994	2.58	1.39	2006	2.22	1.67
1995	2.22	1.41	2007	1.91	1.62
1996	1.12	1.19	2008	1.94	1.59
1997	2.22	1.85	2009	1.67	1.54
1986～1997	2.32	1.77	1998～2009	2.00	1.57

经分析可知,巴彦高勒与头道拐的比值由 1986～1997 年的 2.32 下降到 1998～2009 年的 2.00,三湖河口与头道拐的比值由 1.77 下降到 1.57,即头道拐站对上游两个河段的泄流比没有减小,反而是增加了。

3.3.2 内蒙古河段气温

3.3.2.1 小流量持续时间内平均气温

头道拐断面凌汛期小流量持续时间主要在 12 月和次年 1 月,1998～2009 年该时段的平均气温为 -10.6 ℃,比 1986～1997 年的 -10.3 ℃略有下降,变化不大,见图 3-6。

3.3.2.2 小流量持续天数与平均气温对比

由于巴彦高勒、三湖河口、头道拐三个水文站日气温资料在 2001 年之前不连续,这里用磴口、包头、托克托县三个气象站作为黄河内蒙古河段凌汛期气温代表站。

对比 1986～2009 年头道拐水文站首段小流量持续时间与三站平均气温过程线(见图 3-7)可得,气温处于峰值(7 个)/谷底(6 个)时,对应的小流量持续时间均在谷底/峰

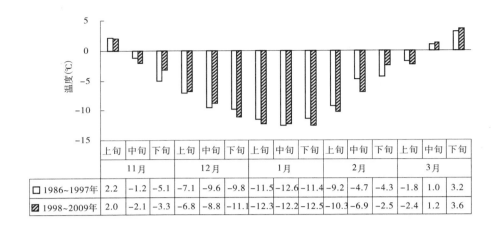

	上旬	中旬	下旬	上旬	中旬	下旬	上旬	中旬	下旬	上旬	中旬	下旬	上旬	中旬	下旬
	11月			12月			1月			2月			3月		
□ 1986~1997年	2.2	-1.2	-5.1	-7.1	-9.6	-9.8	-11.5	-12.6	-11.4	-9.2	-4.7	-4.3	-1.8	1.0	3.2
▨ 1998~2009年	2.0	-2.1	-3.3	-6.8	-8.8	-11.1	-12.3	-12.2	-12.5	-10.3	-6.9	-2.5	-2.4	1.2	3.6

图 3-6　1986~1997 年与 1998~2009 年头道拐站凌汛各旬平均温度

值,气温处于上升状态时,持续天数减少,气温下降时,持续天数增加。这种对比关系在小流量持续时间比较长的 2002 年度和 2007 年度更为明显。从图 3-8 也可以看出,小流量持续时间与三站平均气温之间存在如下趋势:气温低,小流量持续时间长;气温高,小流量持续时间短。

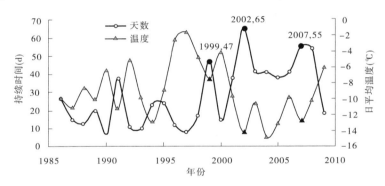

图 3-7　头道拐水文站 1986~2009 年历年凌汛小流量持续时间与三站平均气温均值过程线

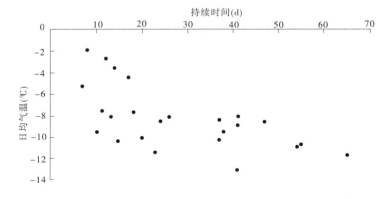

图 3-8　头道拐水文站 1986~2009 年历年凌汛小流量持续时段内平均气温与持续天数关系

综上所述,凌汛期头道拐小流量持续时段内,内蒙古河段气温的高低是影响小流量持续时间长短的重要因素。气温低,小流量持续时间长;气温高,小流量持续时间短。

3.3.3 槽蓄水增量

凌汛期间,河道封冻后,由于冰盖和冰花阻塞过水断面,壅高水位,湿周增加,糙率增大,水流速度减小,下站流量小于上站流量,滞留在河道中的水量必定增加。这种凌汛期受流凌和冰盖等因素影响而滞留在河道中的水量称为槽蓄水增量[9,10]。

石嘴山—头道拐河段 1986 年以来每年凌汛期间槽蓄水增量变化见图 3-9。1986 ~ 2009 年平均槽蓄水增量为 8.39 亿 m³,1998 年前的 12 年间有 3 年超过均值,1998 年后的 12 年间有 9 年超过该均值。槽蓄水增量最高的 3 年分别为 1999 年、2007 年和 2008 年。

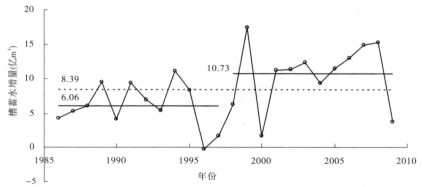

图 3-9   石嘴山—头道拐河段 1986 ~ 2009 年历年凌汛期间槽蓄水增量的变化

1998 ~ 2009 年凌汛期间,石嘴山—头道拐河段最大槽蓄水增量均值为 10.73 亿 m³,明显高于 1998 年前的 6.06 亿 m³,增加了 4.67 亿 m³。其中,石嘴山—巴彦高勒、巴彦高勒—三湖河口、三湖河口—头道拐河段,1998 年后的最大槽蓄水增量均高于 1998 年前,各段增量分别为 1.48 亿 m³、0.92 亿 m³、2.27 亿 m³。小流量持续时间比较长的 1999 年、2007 年和 2008 年度槽蓄水增量的增大更为突出。

凌汛期头道拐小流量持续时间越长,槽蓄水增量越大。

3.3.4 河道形态

3.3.4.1 头道拐以上

黄河内蒙古河段从上至下有巴彦高勒、三湖河口和头道拐三个基本水文站。三湖河口 2009 年和 2010 年汛前仅对基本断面以下 220 m 的大断面进行了测量,该大断面资料始于 2002 年,因而对比这 3 年的冲淤变化情况,另外两个站则与 1998 年比较。

巴彦高勒水文断面 2010 年汛前与 2009 年汛前相比,主槽有所淤积,最大淤积厚度为 1.21 m(距左岸 120 m),最大冲刷深度为 1.02 m(距左岸 550 m),巴彦高勒站 1998 年、2009 年、2010 年的汛前大断面套绘图见图 3-10。

三湖河口水文断面 2010 年汛前与 2009 年汛前相比,主槽左冲右淤,变宽变浅,最大淤积厚度为 3.52 m(距左岸 540 m),最大冲刷深度为 2.58 m(距左岸 740 m)。这两年与

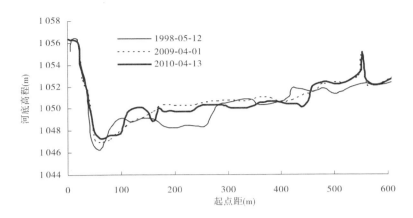

图 3-10 黄河巴彦高勒水文断面套绘图

2002 年汛前相比,主槽明显左移,见图 3-11。

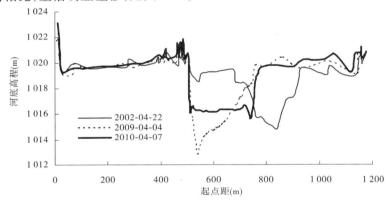

图 3-11 黄河三湖河口水文断面套绘图

《近20年来巴彦高勒—头道拐河段淤积成因分析》中指出[11]:①1952～1960 年三湖河口断面同流量水位呈上升趋势,该时段巴彦高勒—头道拐河段共淤积泥沙 6. 129 亿 t,三湖河口断面同流量水位升高 0. 62 m;②1961～1986 年同流量水位有升有降,但总的趋势是下降,该时段巴彦高勒—头道拐河段共冲刷 3. 362 亿 t,三湖河口断面同流量水位下降了 1. 05 m,其中 1981 年发生特大洪水,同流量水位达最低点;③1987～2005 年同流量水位又恢复上升趋势,该时段巴彦高勒—头道拐河段共淤积泥沙 10. 158 亿 t,三湖河口断面同流量水位上升了 1. 89 m,见图 3-12。

研究表明[12],1987 年以来内蒙古巴彦高勒—头道拐河段年均淤积泥沙 0. 514 亿 t,淤积多集中在主槽。泥沙淤积造成河槽断面的持续萎缩和河槽过流能力的不断降低(见图 3-13),1995 年巴彦高勒和三湖河口平滩流量分别为 2 600 m³/s 和 2 500 m³/s,低于前期所有年份并继续减小,至 2005 年三湖河口降至 1 100 m³/s。河道过流能力降低使凌汛期壅水状态下的漫滩概率和漫滩程度增大,同时河槽淤积萎缩、河弯增多,造成排凌不畅,凌期卡冰结坝现象突出,导致槽蓄增量增大[13]。

头道拐断面 2010 年汛前与 2009 年汛前相比,断面基本形态没发生大的变化,只在局

图 3-12　三湖河口断面历年汛后同流量(1 000 m³/s)水位变化过程线

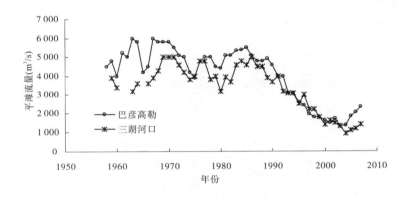

图 3-13　黄河巴彦高勒和三湖河口历年平滩流量

部有冲刷和淤积,主槽最大淤积厚度为 2.2 m(距左岸 370 m),最大冲刷深度为 0.9 m(距左岸 640 m)。这两年与 1998 年汛前相比,主槽明显右移,断面变窄,见图 3-14。

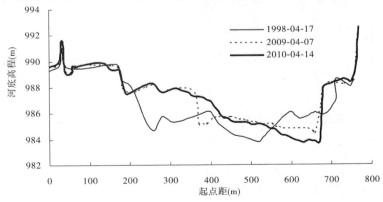

图 3-14　黄河头道拐水文断面套绘图

3.3.4.2　头道拐以下

1998 年以来,头道拐以下河道边界条件发生了明显改变,尤其万家寨水库库区,断面平均河底高程在逐年抬高（见图 3-15 和图 3-16）。淤积三角洲末端已接近水泥厂断面（WD61）。

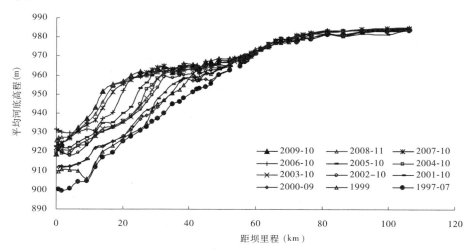

图 3-15　万家寨水库建库以来与建库前（1997-07）平均河底高程的变化

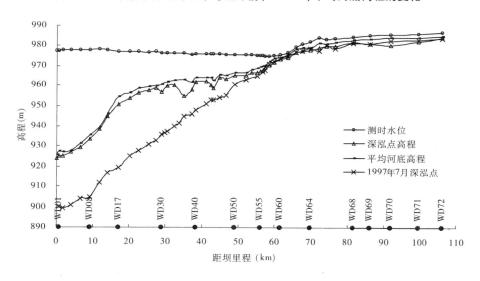

图 3-16　万家寨水库 2008 年 11 月测时水位、纵向平均河底高程和深泓点高程

3.3.5　河道内工程影响

3.3.5.1　河道内工程概况

巴彦高勒—头道拐河段先后修建了一些河道控导工程,大都修建在河道弯曲段,主要作用是控导主流,稳定河势,减少主流游荡范围,防止水流淘岸威胁堤防。近年来,该河段非防洪工程增多,当前三盛公—万家寨大坝之间主要跨河大桥有 24 座。其中,三盛公—三湖河口区间 3 座,三湖河口—头道拐区间 10 座,头道拐以下至万家寨坝址 11 座,见表 3-8。

表 3-8　三盛公—万家寨河段大桥情况表

编号	名称	修建时间	位置	说明
1	三盛公拦河闸黄河公路大桥	1961 年 9 月	三盛公枢纽处	孔跨布置为 18×16 m
2	磴口黄河公路大桥	2004 年 6 月	三盛公枢纽下游 2.5 km	孔跨布置为 4×35 m $+ 55$ m $+ 3 \times 100$ m $+ 5 \times 50$ m $+ 22 \times 35$ m
3	呼和木独至临河黄河公路大桥	2009 年开工	上距三盛公水利枢纽约 75 km	主孔跨为 60 m $+ 11 \times 100$ m $+ 60$ m
4	内蒙古锡乌公路奎素黄河大桥	2009 年 7 月	三湖河口下游约 2.25 km 处	主孔跨为 60 m $+ 7 \times 100$ m $+ 60$ m
5	乌拉山至锡尼铁路跨黄河特大桥	2009 年审批	上距三湖河口水文站 16 km	主孔跨为 $(64 + 7 \times 108 + 64)$ m $+ (64 + 5 \times 108 + 64)$ m
6	包头至茂名高速公路黄河特大桥	2010 年审批	上距昭君坟水文站 5.5 km	主孔跨为 85 m $+ 9 \times 150$ m $+ 85$ m
7	包西铁路通道包头—神木段黄河特大桥	2006 年开工	上距昭君坟水文站 13 km	主孔跨为 8×108 m
8	包头黄河铁路大桥	1987 年 9 月	包头市九原区麻池镇	孔跨布置为 13×64 m
9	包头黄河公路一号大桥	1983 年 10 月	包头市九原区画匠营子村	孔跨布置为 20 m $+ 12 \times 65$ m
10	包头黄河公路二号大桥	2002 年	包头市九原区画匠营子村	孔跨布置为 50 m $+ 9 \times 80$ m $+ 50$ m
11	东兴至树林召公路（东达）磴口黄河大桥	2005 年审批	达拉特旗德胜泰乡	主孔跨为 55 m $+ 9 \times 100$ m $+ 55$ m
12	西部省际通道包头至树林召公路黄河大桥	2006 年审批	包头市东河区东兴磴口	主孔跨为 85 m $+ 6 \times 150$ m $+ 85$ m
13	土默特右旗大城西黄河公路大桥	2007 年审批	上距昭君坟水文站 83.42 km	主孔跨为 60 m $+ 10 \times 100$ m $+ 60$ m
14	巨合滩黄河公路大桥	2006 年审批	头道拐水文站下游 11.5 km 处	主孔跨为 55 m $+ 5 \times 100$ m $+ 55$ m
15	蒲滩拐（海生不浪）黄河公路大桥	2006 年 10 月	准格尔旗小滩子村	主孔跨为 80 m $+ 145$ m $+ 80$ m

编号	名称	修建时间	位置	说明
16	呼准铁路大路黄河特大桥	2011 年审查	头道拐水文站下游 25 km 处	主孔跨为 98 m + 5 × 168 m + 98 m
17	呼准铁路复线黄河大桥	2010 年审批	呼准黄河铁路特大桥上游 100 m	主孔跨为（80 m + 3 × 120 m + 80 m）+（80 m + 2 × 120 m + 80 m）
18	呼准铁路黄河特大桥	2005 年 10 月	头道拐水文站下游 32 km 处	主孔跨为 10 × 100 m
19	准兴高速公路柳林滩黄河大桥	2008 年开工建设	上距呼准铁路桥 4.2 km	主孔跨为 76.8 m + 5 × 140 m + 76.8 m
20	喇嘛湾黄河公路桥	1985 年 11 月	下距万家寨大坝 70 km	孔跨为 64.5 m + 4 × 65 m + 64.5 m
21	蒙泰不连沟煤矿铁路专用线黄河特大桥	2010 年审批	下距万家寨大坝 65.6 km	孔跨为 168 m + 312 m + 168 m
22	大（丰）准增二线黄河特大桥	2007 年审批	大准黄河铁路桥上游 30 m	主孔跨为 96 m + 132 m + 96 m
23	大（丰）准黄河铁路桥	1993 年 6 月	万家寨坝址上游 57.2 km 处	主孔跨为 96 m + 132 m + 96 m
24	小沙湾黄河公路大桥	2006 年审批	万家寨坝址上游 40.8 km 处	主孔跨为 88 m + 2 × 160 m + 88 m

3.3.5.2 河道内工程对冰凌影响

通过分析 2002 ~ 2009 年各凌汛年度小流量期间包头磴口水位与头道拐流量的关系以及过程线,可知头道拐小流量初始阶段,有 6 个年度发生包头磴口水位上升而头道拐流量降低的现象,见表 3-9。上述现象表明,是由于头道拐以上河段封河,导致下泄流量减小。但是,河道的封河时间和首封地点受河道形态与工程的影响较大,特别是一些施工的桥梁,对封河及封河后的排冰泄流影响很大。

综上所述可知,三湖河口—头道拐和头道拐—万家寨坝址之间桥梁密集,桥桩及其施工围堰在一定程度上使河道过流断面变窄、过流能力降低,产生的大量冰花在这里受阻,使卡冰、冰塞现象发生概率增加。一是头道拐断面以上的桥梁,如包西铁路通道包头—神木段黄河特大桥的施工,严重缩窄河道过流断面,使得桥上游壅水位抬高,桥下流量减小,影响头道拐水文站的流量过程。二是头道拐断面以下附近河道的桥梁,如巨合滩黄河公路大桥的施工,河道缩窄壅水抬高水位,使得头道拐断面流量下泄不畅,加剧了头道拐水文站流量值的降低,延长了头道拐水文站的小流量历时。

表 3-9　内蒙古河段凌汛首段头道拐小流量过程和包头站水位变化

类型	序号	年度	时间(月-日)	包头水位(m)	头道拐流量(m³/s)
包头水位上升而头道拐流量降低	1	2009	11-16 ~ 11-18	+0.594	-112
	2	2007	12-23 ~ 12-25	+0.724	-77
	3	2006	12-06 ~ 12-18	+0.623	-305
	4	2005	12-03 ~ 12-05	+0.275	-390
	5	2003	12-07 ~ 12-08	+0.267	-242
	6	2002	12-09 ~ 12-10	+0.023	-176

注:"+"表示包头水位上升,"-"表示包头水位下降或头道拐流量减小。

3.3.6　万家寨水库运用

万家寨水库投入运行后,坝址处河道水位抬高 50 m 以上,形成的回水区水流流速显著减小。水流进入回水末端后,流速骤减,水面冰花密度急剧增加,形成插堵,后续入库冰花受插堵冰花阻挡堆积体向上游发展,库区水面比降和回水末端流速变小,使得输冰能力降低,封开河期上游来的冰凌在库区回水末端堆积,造成库尾河道铺冰上延,产生冰塞冰坝壅水为患,原来不常封冻河段成为了封冻河段[14,15]。1998 年以来,几乎年年具备形成冰塞的边界条件、动力条件[16]。

3.3.6.1　头道拐流量与万家寨水库水位关系

从历年小流量期间头道拐流量与万家寨水库水位过程线可以发现:1999 ~ 2006 年间和 2008 年的 8 个年度,每年小流量期间,或多或少都有万家寨水库水位降低而头道拐流量增加、万家寨水库水位抬升而头道拐流量减小的现象发生,如 1999 年 12 月 17 ~ 20 日万家寨水库水位降低而头道拐流量增加,2001 年 12 月 12 ~ 15 日万家寨水库水位降低而头道拐流量增加,见图 3-17。

2006 ~ 2007 年度、2007 ~ 2008 年度和 2009 ~ 2010 年度,水位流量负相关比较明显。其中,2006 ~ 2007 年度,小流量开始后的第三天 12 月 8 日到 12 月 19 日,头道拐流量与万家寨水库水位保持负相关关系,水位上升,流量减小。2007 ~ 2008 年度,小流量发生后的三天内(12 月 12 ~ 14 日),万家寨水库水位上升,头道拐流量急速下降。2009 ~ 2010 年度,头道拐流量起初下降后又开始上升,万家寨水库水位一直处于下降趋势,见图 3-17。

这种现象是水库发电调度造成的。头道拐小流量出现的前后几天正是气温急剧降低的时期,电网要求万家寨水库多发电,水库水位会降低;而一旦火电机组启动稳定运行以后,电网会要求万家寨水库水位回蓄以作为电网备用,水库水位又会略有回升。各年情况相同。

3.3.6.2　万家寨水库水位与自记水位计水位变化比较

万家寨水库库区自记水位计测站距坝里程及位置说明见表 3-10。

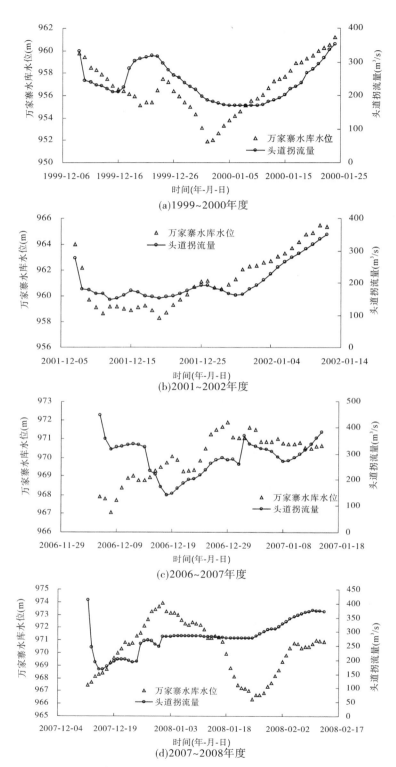

(a)1999~2000年度

(b)2001~2002年度

(c)2006~2007年度

(d)2007~2008年度

图 3-17　历年小流量期间头道拐流量与万家寨库水位过程线

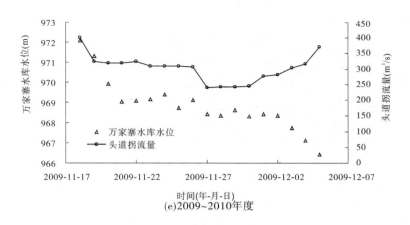

時間(年-月-日)
(e)2009～2010年度

续图3-17

表3-10　万家寨水库库区自记水位计测站距坝里程及位置说明　　（单位：km）

序号	名称	距坝里程	序号	名称	距坝里程
1	坝上码头自记水位计	0.5	7	章盖营呼准铁路跨河桥	82.0
2	库中哈尔峁自记水位计	35.5	8	蒲滩拐高速公路跨河桥	92.3
3	岔河口自记水位计	57.3	9	蒲滩拐自记水位计	95.0
4	水泥厂自记水位计	63.0	10	巨合滩公路跨河桥	102.5
5	喇嘛湾公路桥	70.0	11	麻地壕扬水站自记水位计	113
6	拐上自记水位计	72.5	12	头道拐水文站水位计	114

2008～2009年度，头道拐小流量发生时（12月4～7日）流量陡降401 m³/s，12月5～10日万家寨水库水位降低，岔河口水位上升，水泥厂水位上升2.20 m，喇嘛湾、蒲滩拐和麻地壕水位降低（见图3-18），麻地壕水位变化与万家寨水库水位变化之间无明显对应关系。

2007～2008年度，头道拐小流量发生时（12月10～14日）流量陡降458 m³/s，水泥厂水位在小流量之前上升了6.14 m（12月5～10日），之后降低了2.39 m（12月10～16日），喇嘛湾、蒲滩拐、麻地壕依次先升后降，见图3-19，水泥厂、喇嘛湾、蒲滩拐、麻地壕水位变化之间似有传递关系。

2006～2007年度，头道拐小流量发生时（12月4～8日）流量降低290 m³/s，水泥厂水位上升4.74 m（12月4～12日），喇嘛湾、蒲滩拐和麻地壕水位先降后升，岔河口和万家寨水库水位上升，见图3-20。麻地壕水位先于蒲滩拐上升，说明麻地壕水位上升与蒲滩拐及其以下水位变化无明显对应关系。

2005～2006年度，头道拐发生小流量时（12月1～5日）流量降低528 m³/s，水泥厂水位上升2.05 m（12月4～8日），万家寨水库水位下降，见图3-21，说明水泥厂水位上升与万家寨水库水位无明显对应关系。

2004～2005年度，内蒙古河段11月28日封河（地点包头南海子），11月24～30日头

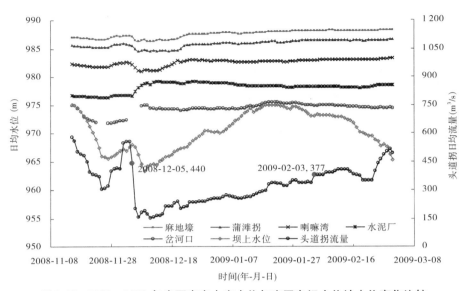

图 3-18 2008~2009 年度万家寨水库水位与库区自记水位计水位变化比较

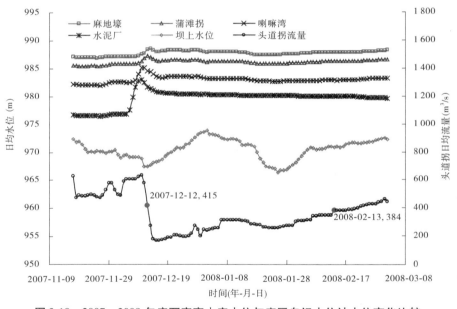

图 3-19 2007~2008 年度万家寨水库水位与库区自记水位计水位变化比较

道拐流量降低 501 m³/s,水泥厂水位上升 4.12 m(11 月 25 日至 12 月 2 日),麻地壕、蒲滩拐、喇嘛湾和万家寨水库水位均降低;12 月 25 日头道拐小流量发生时水泥厂和万家寨水库水位均降低,见图 3-22,水泥厂及其以上的水位变化与万家寨库水位无明显对应关系。

2003~2004 年度,头道拐小流量时(12 月 6~9 日)流量降低 455 m³/s,水泥厂水位上升 2.72 m,麻地壕、蒲滩拐、喇嘛湾和万家寨水库水位降低,见图 3-23,说明水泥厂及其以上的水位变化与万家寨水库水位变化之间无明显对应关系。

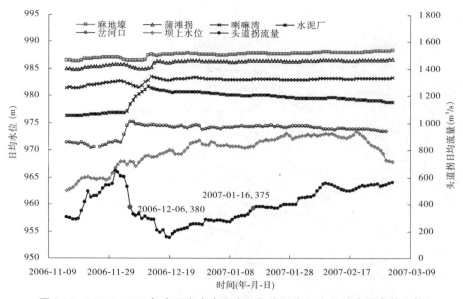

图 3-20 2006～2007 年度万家寨水库水位与库区自记水位计水位变化比较

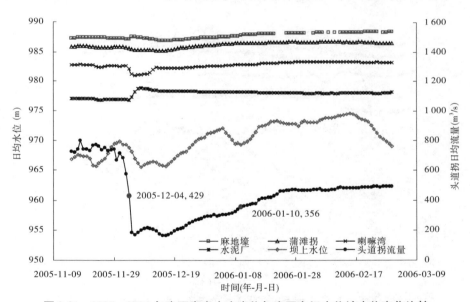

图 3-21 2005～2006 年度万家寨水库水位与库区自记水位计水位变化比较

2002～2003 年度,头道拐发生小流量时(12 月 7～11 日)流量降低 332 m³/s,水泥厂水位上升 4.53 m(12 月 6～10 日),麻地壕水位下降,喇嘛湾水位略有上升,万家寨水库水位下降,见图 3-24,说明水泥厂及其以上的水位变化与万家寨水库水位变化之间无明显对应关系。

2001～2002 年度,头道拐断面发生小流量时(12 月 6～8 日)两天内流量降低 406 m³/s,水泥厂水位 3 日(12 月 4～7 日)内上升了 4.43 m,麻地壕水位下降,喇嘛湾水位略有上升,万家寨水库水位下降,见图 3-25,说明水泥厂及其以上的水位变化与万家寨水库

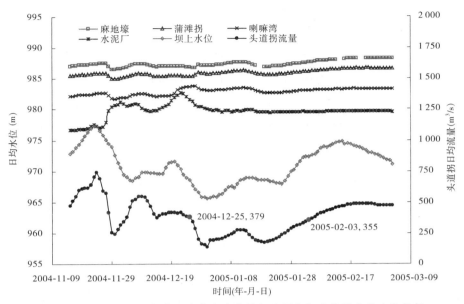

图 3-22　2004～2005 年度万家寨水库水位与库区自记水位计水位变化比较

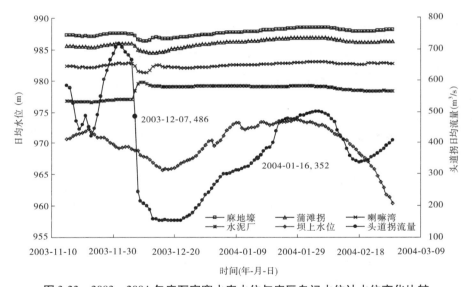

图 3-23　2003～2004 年度万家寨水库水位与库区自记水位计水位变化比较

水位变化之间无明显对应关系。

　　由以上分析可知,万家寨水库运行以来的 8 个年度,头道拐小流量过程形成初期,断面水位的变化与万家寨水库水位变化之间无明显的对应关系。头道拐断面发生小流量且流量处于陡降状态时,位于头道拐下游 51 km、大坝上游 63 km 的水泥厂水位均呈上升趋势,流量下降范围为 290～528 m³/s,水位上升范围为 2.05～6.14 m,见表 3-11,其原因是万家寨水库库尾距坝 53～60 km 为多弯道河段,且有红河入河口岔道和丰准铁路桥墩影响,年年形成冰塞壅水严重,使水泥厂水位总是升高。

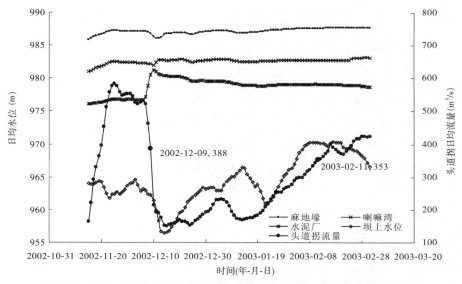

图 3-24 2002~2003 年度万家寨水库水位与库区自记水位计水位变化比较

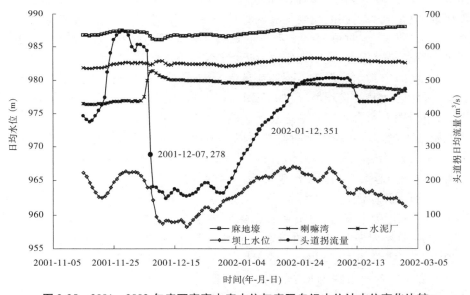

图 3-25 2001~2002 年度万家寨水库水位与库区自记水位计水位变化比较

3.3.6.3 万家寨水库库尾冰塞发展过程

封河期,万家寨水库运行方式是,从有冰花入库起,坝前水位保持较低且稳中有降。入库冰花运行到回水末端时,由于水流流速减小,水面流凌密度增加,在回水末端插堵堆积,形成库尾初始冰塞。库尾初始冰塞河段远在水泥厂断面以下,后续入库冰花一部分在库尾初始冰塞末端堆积上延,使冰塞向上游发展;一部分潜入底部向库内运动。冰塞向上游发展过程中,由于距坝 53~60 km 范围多弯道且有红河入河口岔道和丰准铁路桥墩影响,该河段年年形成严重冰塞壅水使水泥厂水位升高。

表 3-11　头道拐小流量时头道拐流量和万家寨水库自记水位计水位变化

年度	头道拐		水泥厂自记水位计	
	流量减小 （m³/s）	起讫时间 （月-日）	水位上升 （m）	起讫时间 （月-日）
2001～2002	406	12-06～12-08	4.43	12-04～12-07
2002～2003	332	12-07～12-11	4.53	12-06～12-10
2003～2004	455	12-06～12-09	2.72	12-06～12-09
2004～2005	501	11-24～11-30	4.12	11-25～12-02
2005～2006	528	12-01～12-05	2.05	12-04～12-08
2006～2007	290	12-04～12-08	4.74	12-04～12-12
2007～2008	458	12-10～12-14	6.14	12-05～12-10
2008～2009	401	12-04～12-07	2.20	12-05～12-10

冰塞从水泥厂发展到拐上断面的时间受库水位和入库冰流量影响。在冰塞发展到拐上断面以前,拐上到头道拐断面之间有两种形态:一是畅流状态,即头道拐以上所产冰花可随水流进入库区。这时可根据水泥厂的最高水位推算水面线,看回水是否到头道拐。如果回水影响到头道拐,则说明万家寨水库的运行会影响头道拐的小流量;如果回水不到头道拐,则说明万家寨水库对头道拐的流量无影响。二是头道拐到拐上河段中部分河段封河,这时看库区冰塞的发展情况,如果库区冰塞壅水没有影响到拐上至头道拐河段中的封河河段,也说明万家寨水库对头道拐无影响。

当万家寨库区冰塞发展到喇嘛湾大桥以下河段时,水泥厂到回水末端的冰塞已经稳定,万家寨水库开始抬高水位。此时,万家寨水库的库水位不会影响到喇嘛湾大桥,万家寨水库运行也不会对头道拐断面产生影响。

3.3.6.4　断面观测验证

2009～2011 年凌汛期,对万家寨库尾喇嘛湾至头道拐河段进行了断面冰情观测,根据万家寨水库运用对黄河凌汛的影响及其优化调度研究之冰情观测成果,图 3-26 为 2009～2010 年度凌汛期库尾喇嘛湾、呼大桥、巨合滩、头道拐四个断面冰花面积占断面总面积比例的变化过程。由图 3-26 可以看出,观测之初,自巨合滩向下冰花面积占断面总面积比例由大变小,河段上游冰花流动不畅,冰花堆积严重,说明下游喇嘛湾断面的堆冰壅水对呼大桥、巨合滩断面河段没有影响,巨合滩断面受蒲滩拐上游、巨合滩下游的自然卡冰封河影响而产生冰花堆积;随着时间的推移,巨合滩、呼大桥断面冰花逐渐持续变少,喇嘛湾断面冰花逐渐增多,说明喇嘛湾断面受下游堆冰壅水影响严重,上游来的冰凌在该河段堆积,断面冰花增厚。本年度不同断面冰花所占比例变化过程趋势和相互关系,表明万家寨水库库尾冰塞壅水还没有影响到呼大桥断面。

图 3-27 为 2010～2011 年度凌汛期库尾喇嘛湾桥下、章盖营桥下、蒲滩拐桥下、巨合滩桥上、头道拐等五个断面冰花面积占断面总面积比例的变化过程。由图可以看出,喇嘛湾过程线位于最上方,巨合滩过程线位于喇嘛湾之下,章盖营、蒲滩拐过程线位于最低处。

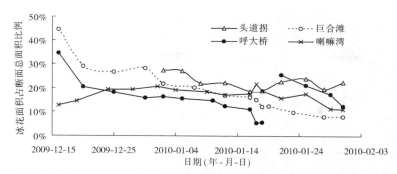

图 3-26 2009～2010 年度凌汛期冰花面积占断面总面积比例的变化过程

说明喇嘛湾断面受下游堆冰壅水影响最重,章盖营、蒲滩拐不受影响。本年度万家寨水库库尾冰塞壅水没有影响到章盖营断面。

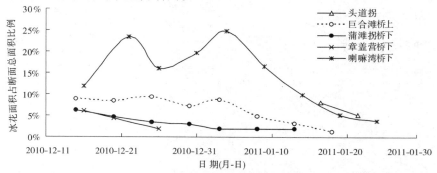

图 3-27 2010～2011 年度凌汛期冰花面积占断面总面积比例变化过程

两年的观测资料表明,蒲滩拐至巨合滩断面之间有自然卡冰封河现象,万家寨水库库尾堆冰壅水没有影响到蒲滩拐断面。

3.3.6.5 头道拐水位流量关系

分析 1986～2009 年间凌汛头道拐小流量期间的水位流量关系和水位流量过程,可以看出:2001～2007 年的 7 个年度,在头道拐小流量出现的几天内,均出现水位上升但流量减小的现象,见图 3-28、图 3-29。

2008～2009 年度:头道拐小流量开始的当天,流量和水位均直线下降,三天后流量随水位的回升逐渐增大;12 月 20～24 日,水位上升高达 0.99 m(从 986.81 m 到 987.80 m),流量仅增加 34 m³/s(从 206 m³/s 到 240 m³/s)。

1986～2000 年间,流量随水位的增减而升降。其中,1986～1994 年间和 2000 年,水位流量关系呈现先逆时针降低再顺时针上升的形态。1995～1998 年间,水位流量呈现单一的线性关系。1999 年,水位流量关系呈现逆—顺—逆—顺时针的形态。

万家寨水库运用后的 2001～2008 年间,均出现小流量期间水位上升但流量减少现象,这是封河时河道水流阻力突然增大的表现。

3.3.6.6 小结

万家寨水库的修建,使头道拐以下的河道边界条件发生了明显改变,库区断面平均河

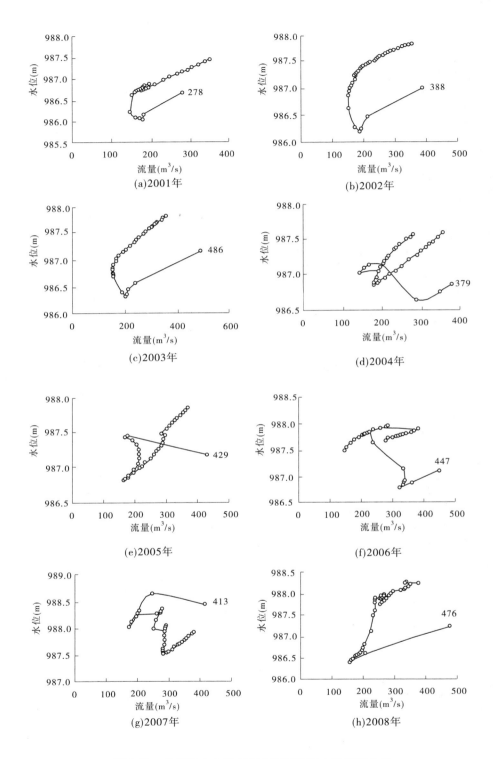

图 3-28　头道拐水文站历年小流量期间水位流量关系

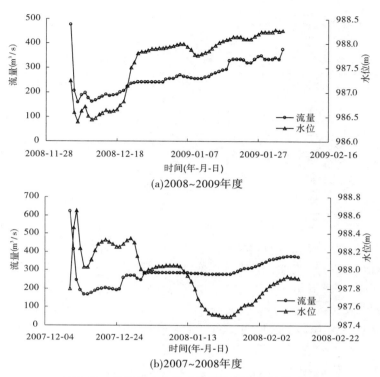

(a)2008~2009年度

(b)2007~2008年度

图3-29 头道拐水文站小流量期间水位流量过程

底高程逐年抬高,已经影响至水泥厂断面附近。

在分析的8个年度,当头道拐断面发生小流量且流量处于陡降状态时,库区自记水位计的变化显示位于头道拐下游51 km、大坝上游63 km的水泥厂水位均呈上升趋势,流量下降范围为290～528 m³/s,水位上升范围为2.05～6.14 m,其原因是万家寨水库库尾距坝53～60 km范围为多弯道河段,且有红河入河口岔道和丰准铁路桥墩影响,年年形成严重的冰塞壅水。一般情况下,万家寨水库的运用水位不会直接影响头道拐断面的流量过程。但当库尾附近遇到严重凌情,水泥厂及其以上河段出现高水位壅水时,可能会对头道拐站的水位流量造成影响。

3.4 典型年剖析

本节将对头道拐断面小流量持续时间明显延长的3个典型年度(2002～2003年度、2007～2008年度、2008～2009年度)逐一解剖,找出各自的主要影响因素。

3.4.1 2002～2003年度

本年度黄河宁蒙河段于2002年11月17日在头道拐附近开始流凌,12月9日在三湖河口站上游约10 km处首封。头道拐断面小流量持续时间长达63 d。

3.4.1.1 气温变化

2002～2003年度封河期气温低,持续时间长,为近20多年来少有[17,18]。11月17日在头道拐附近开始流凌,18 日流凌河段已上溯至三湖河口附近。内蒙古河段三个水文站凌情概况见表 3-12。

表 3-12 内蒙古河段三个水文站凌情概况

水文站	日期(年-月-日)	日最低气温(℃)	日平均气温(℃)	流凌密度(%)
巴彦高勒	2002-12-07	−13	−6.9	20
三湖河口	2002-11-18	−14	−4.9	20
	2002-12-08	−17	−11.2	60
头道拐	2002-11-17	−14	−6.3	10
	2002-12-08	−15	−8.1	50

受强冷空气影响,12 月 8 日内蒙古河段全线流凌,12 月 9 日 2 时,在三湖河口站上游约 10 km 处首封。头道拐断面于 14 日封冻,巴彦高勒断面于 24 日平封[19]。

内蒙古河段 12 月下旬至翌年 1 月上旬气温异常偏低,封冻冰盖较厚,巴彦高勒、三湖河口和头道拐三站最大冰厚分别为 50 cm、56 cm 和 70 cm,2003 年 2 月 1 ~ 16 日的 4 次测量中头道拐冰厚一直为 70 cm,见图 3-30。头道拐封冻冰盖为 1990 年以来最厚。

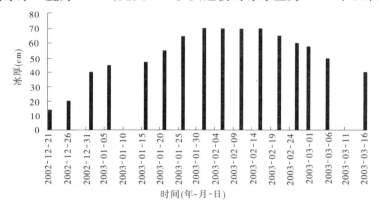

图 3-30 2002 ~ 2003 年度头道拐断面冰厚情况

12 月 9 日内蒙古河段首封后头道拐气温为 −11 ℃,接下来气温逐渐回升至 12 月 21 日的 −0.6 ℃。12 月 21 日强寒潮侵袭,27 日头道拐最低气温达 −32 ℃,日平均气温达 −25.7 ℃。该站日均气温在 −20 ℃以下的时间长达 14 d。本年度头道拐小流量期间的平均气温为 −14.34 ℃,见图 3-31,低于 1986 ~ 2009 年间的平均气温 −8.99 ℃,见图 3-32。

巴彦高勒断面 12 月 8 日水温下降为 0 ℃,12 月 7 日测量已有冰花,流凌密度为 20%,8 日形成岸冰,9 日头道拐断面开始发生小流量,表明小流量的发生与气温和水温有着密切的关系。2003 年 2 月 11 日小流量结束,这个时期正好是头道拐断面冰厚最厚的时期。

3.4.1.2 上游来水

2002 年 12 月 9 日至 2003 年 2 月 11 日头道拐小流量期间,上游三湖河口 2002 年 12

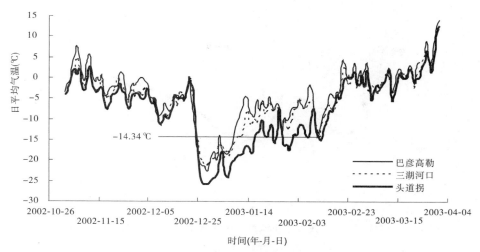

图 3-31 2002～2003 年度内蒙古河段各站凌汛期日平均气温变化

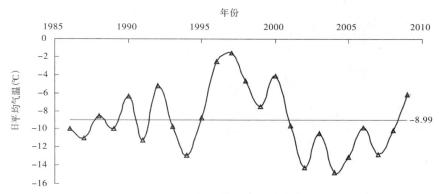

图 3-32 头道拐站凌汛期日平均气温年际变化

月 4 日至 2003 年 2 月 6 日相应来水均值为 301 m^3/s，低于 1998～2009 年均值 409 m^3/s。头道拐和三湖河口二者过程很相似，因此 2002～2003 年度头道拐小流量过程主要是上游来水所致，见图 3-33。

3.4.1.3 槽蓄水增量

采用河段水量平衡方法，考虑水流传播时间计算槽蓄水增量。在小流量刚开始阶段时，内蒙古河段槽蓄水增量陡增，12 月 9～10 日增加了 0.279 亿 m^3，见图 3-34。

头道拐小流量期间内蒙古河段累积槽蓄水增量为 7.802 亿 m^3，其中巴彦高勒—三湖河口为 3.130 亿 m^3，三湖河口—头道拐为 4.672 亿 m^3（见图 3-35）。巴彦高勒—三湖河口在 12 月 26 日之后出现下降趋势，三湖河口—头道拐槽蓄水增量一直处于上升趋势，整个内蒙古河段处于上升趋势。

3.4.1.4 万家寨水库运用

2002～2003 年度，在头道拐断面发生小流量且流量处于陡降状态（12 月 7～10 日）时，位于大坝上游 63 km 的水泥厂 12 月 6～10 日水位上升 4.53 m。

根据万家寨库区 2002～2003 年冰情测量成果报告[20]可知，WD30＋800 断面为平立

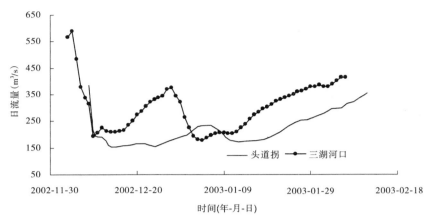

图 3-33 2002~2003 年度凌汛小流量期间头道拐和三湖河口相应日流量过程

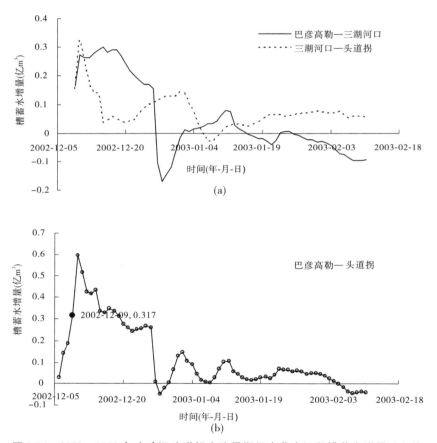

图 3-34 2002~2003 年度凌汛头道拐小流量期间内蒙古河段槽蓄水增量过程线

封交界处,其下游的 WD01、WD30 断面为平封,上游的 WD32~WD63 共 20 个断面为立封,WD64~WD71 的 8 个断面为平封。

从万家寨库区冰厚(见图 3-36)可以看出,2003 年 1 月 7~11 日,WD60~WD62 平均

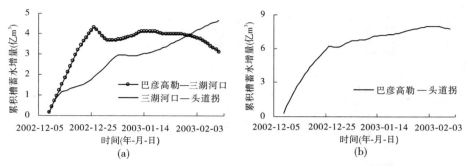

(a)

(b)

图 3-35　2002~2003 年度凌汛头道拐小流量期间内蒙古河段累积槽蓄水增量

冰厚从 21.3 cm 降为 6.1 cm,WD61 上游断面普遍冰厚偏小。因此,2002~2003 年度,万家寨水库运用对库区水位的主要影响范围基本截至 WD61,即水泥厂河段。

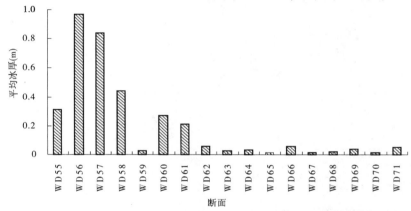

图 3-36　2002~2003 年度万家寨库区 WD55 以上稳定冰面与水面高程差值(冰厚)分析

3.4.2　2007~2008 年度

2007 年 12 月 11 日 9 时,距万家寨坝址 69 km 的曹家湾河段出现首封,封河长度 22 km;10 时包西铁路桥上游 100 m 处封冻,封河长约 2 km。头道拐断面小流量持续时间长达 54 d(2007 年 12 月 12 日至 2008 年 2 月 4 日)。

3.4.2.1　气温水温变化

本年度内蒙古河段三个水文站凌情概况见表 3-13。小流量期间头道拐平均气温为 -12.8 ℃(见图 3-37)[21],低于 1986~2009 年小流量期间的均值 -8.99 ℃。12 月 27~29 日,受本年度入冬以来最强的一股冷空气侵袭,内蒙古河段日均气温下降 10~12 ℃,仅 30 日一天就封河 144 km,至 2008 年 2 月 13 日达到最大封冻长度 940 km。

头道拐断面的水温在保持持续下降后(见图 3-38),于 12 月 12 日开始流冰花,流凌密度 10%,日均水温 -9.7 ℃,同一天断面开始出现小流量过程。

12 月 13 日头道拐断面封冻,12 月 16 日头道拐断面冰厚 10 cm,2008 年 2 月 21 日达到最厚 67 cm,2 月 6~16 日维持在 63 cm 和 64 cm(见图 3-39)。

表 3-13   内蒙古河段三个水文站凌情概况

水文站	日期(年-月-日)	日最低气温(℃)	日均气温(℃)	流凌密度(%)
巴彦高勒	2007-12-12	−13	−8.3	10
三湖河口	2007-11-29	−11	−3.1	10
	2007-12-10	−14	−6.5	50
头道拐	2007-11-27	−10	−4.4	10
	2007-12-13	−13	−8.8	封冻,平封为主

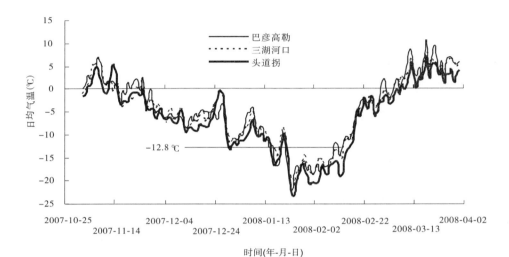

图 3-37   内蒙古河段各站 2007～2008 年度凌汛期日均气温变化

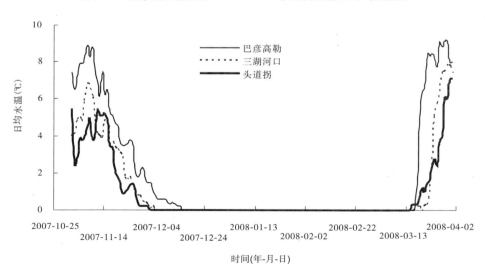

图 3-38   内蒙古河段各站 2007～2008 年度凌汛期日均水温变化

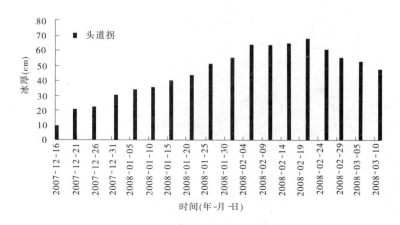

图 3-39　头道拐断面 2007～2008 年度冰厚情况

3.4.2.2　上游来水

头道拐小流量期间上游三湖河口相应来水均值为 441 m³/s,略高于多年均值 409 m³/s。12 月 13～15 日,三湖河口来水和头道拐一样,均处于陡降状态,3 d 流量分别为 580 m³/s、340 m³/s 和 225 m³/s(见图 3-40),表明上游来水减少是头道拐小流量持续时间延长的因素之一。

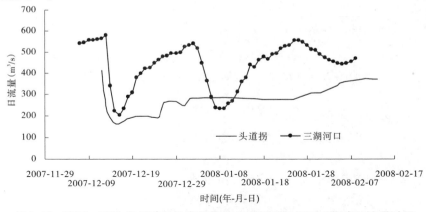

图 3-40　2007～2008 年度凌汛小流量期间头道拐和三湖河口相应日流量过程

3.4.2.3　槽蓄水增量

2007～2008 年度头道拐小流量期间内蒙古河段槽蓄水量过程线见图 3-41。在小流量刚发生时,内蒙古河段槽蓄水增量是陡增的,12 月 12～13 日增加了 0.094 亿 m³,12 月 13～14 日增加了 0.298 亿 m³。小流量期间内蒙古河段累积槽蓄水增量为 13.216 亿 m³,以三湖河口—头道拐河段为主,为 9.288 亿 m³。三湖河口—头道拐、巴彦高勒—头道拐槽蓄水增量一直处于上升趋势。1 月 8～18 日巴彦高勒气温处于下降状态,由 -4 ℃下降到 -16.8 ℃,1 月 19～20 日气温从 -15.9 ℃上升 6.4 ℃到 -9.5 ℃,巴彦高勒—三湖河口累积槽蓄水增量在 1 月 19 日之后出现下降趋势,见图 3-42。

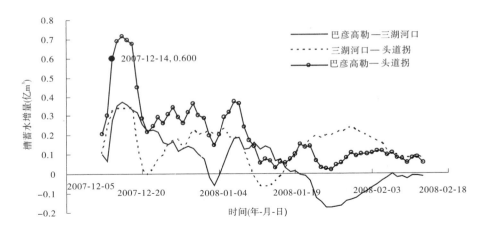

图 3-41　2007～2008 年度凌汛头道拐小流量期间内蒙古河段槽蓄水增量过程线

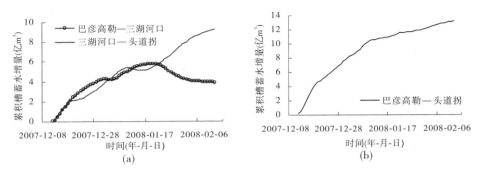

图 3-42　2007～2008 年度凌汛头道拐小流量期间内蒙古河段累积槽蓄水增量

3.4.2.4　万家寨水库运用

2007～2008 年度,在头道拐断面发生小流量且流量处于陡降状态时,位于大坝上游 63 km 的水泥厂水位上升趋势最为明显,5 日内上升 6.14 m,见图 3-19。

1. 将图 3-19 局部放大(见图 3-43),进行分析

从图 3-43 可以看出:①水泥厂、喇嘛湾、蒲滩拐、麻地壕四个水位计的水位涨幅自下而上递减,分别为 6.14 m、2.62 m、1.39 m 和 1.37 m;②水位起涨时间自下而上推后一天,分别为 12 月 5 日、6 日、7 日和 8 日;③水位峰值出现时间也不约而同自下而上正好推后一天,分别为 12 月 10 日、11 日、12 日、13 日,见表 3-14。

从这些现象,我们可以排除不是上游来水增多导致。因为如果是,那么库区水位的上升应该是自上而下,而不是自下而上。而且,在这些现象期间,入库站头道拐流量并没有上升(见图 3-19、表 3-14),相反在 12 月 10～15 日下降了 472 m³/s。

接下来,分析是不是万家寨水库抬高水位运用所导致的呢? 首先对比水泥厂水位开始上升至峰现期间万家寨坝上每日 8 时水位和出库流量(见表 3-15),发现在 12 月 5～10 日,万家寨水库没有明显的水位抬升,反倒有略微的下降。因此,这段时间的水泥厂水位抬升和万家寨水库水位运用没有直接的关系。

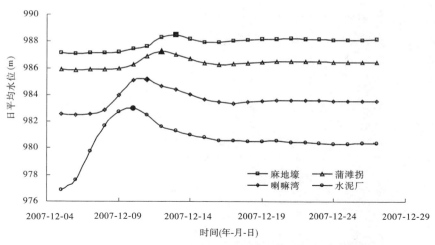

图 3-43   2007～2008 年度凌汛首封段万家寨库区水位的变化

表 3-14   2007～2008 年度凌汛首封万家寨库区自记水位计的变化

项目	分类	麻地壕	蒲滩拐	喇嘛湾	水泥厂	万家寨坝上	头道拐流量(m³/s)
1	起涨水位(m)	987.15	985.88	982.52	976.85	967.38	638
	发生日期(年-月-日)	2007-12-08	2007-12-07	2007-12-06	2007-12-05	2007-12-11	2007-12-10
2	水位峰值(m)	988.52	987.27	985.14	982.99	973.96	166
	发生日期(年-月-日)	2007-12-13	2007-12-12	2007-12-11	2007-12-10	2008-01-01	2007-12-15
3	水位涨幅(m)	1.37	1.39	2.62	6.14	6.58	—

表 3-15   2007～2008 年度凌汛首封头道拐小流量的局部放大分析

时间(年-月-日)	水位(m)					万家寨出库流量(m³/s)
	麻地壕	蒲滩拐	喇嘛湾	水泥厂	万家寨坝上	
2007-12-05	987.14	985.88	982.55	976.85	969.60	665
2007-12-06	987.12	985.87	982.52	977.62	969.15	685
2007-12-07	987.12	985.88	982.56	979.76	969.16	603
2007-12-08	987.15	985.90	982.90	981.71	969.07	650
2007-12-09	987.21	985.99	983.98	982.77	969.17	479
2007-12-10	987.48	986.27	985.13	982.99	968.80	666
2007-12-11	987.66	986.91	985.14	982.50	967.38	559
2007-12-12	988.34	987.27	984.66	981.65	967.47	364
2007-12-13	988.52	987.03	984.46	981.32	967.70	299

但是,2007 年 12 月 11 日至 2008 年 1 月 1 日水库水位持续抬升,从 967.38 m 升至 973.96 m,共抬升了 6.58 m。将这段时间库区自记水位计水位变化与水泥厂水位抬升之前、万家寨水库水位下降时段以及头道拐小流量期间等 3 个时段的水位变化做对比(见

表 3-16)可知,在万家寨水库水位上升阶段,4 个自记水位计的水位在 4 个时段内均最高。以麻地壕为例,万家寨水库水位上升阶段比万家寨水库水位下降阶段的水位高 0.42 m,比头道拐小流量期间的水位高 0.28 m。分析表明,水泥厂处的冰塞壅水,直接影响到了喇嘛湾、蒲滩拐、麻地壕水位的升高。头道拐站在麻地壕上游仅约 1 km 处,所以麻地壕上升的水位将使头道拐的来水受阻,从而流速减小,而万家寨水库的运用在一定程度上对水泥厂处的冰情发展有影响。

表 3-16　2007～2008 年度凌汛不同时段万家寨水库库区自记水位计变化对比

时段	具体持续时间	水位或水位差值(m)			
		麻地壕	蒲滩拐	喇嘛湾	水泥厂
①万家寨水库水位上升阶段	12 月 11 日至 1 月 1 日	988.13	986.54	983.71	980.66
②水泥厂水位抬升之前	11 月 15 日至 12 月 5 日	987.04	985.64	982.27	976.67
③万家寨水库水位下降阶段	1 月 2 日至 1 月 25 日	987.71	986.09	983.02	980.15
④头道拐小流量期间	12 月 12 日至 2 月 13 日	987.85	986.23	983.15	980.25
①-②		1.09	0.90	1.44	3.99
①-③		0.42	0.45	0.69	0.51
①-④		0.28	0.31	0.56	0.41

另外,将黄河万家寨水利枢纽有限公司提供的万家寨库区冰情拍照记录整理成表 3-17,可以看出 2007 年 12 月 7～12 日,WD63、拐上和蒲滩拐断面等陆续出现高密度流冰花、堆冰、流冰花团,直至封河。流冰花、堆冰、封河等都会使上游来水受阻,流速减小,使小流量持续时间延长。

表 3-17　2007～2008 年度凌汛万家寨库区冰情拍照记录整理

日期(年-月-日)	时间(时:分)	冰情记录
2007-11-27	09:00	WD57 开始流凌,流凌密度 40%
2007-11-28	12:15	WD32 上约 500 m 处形成堆冰头,下为部分平封冰面
2007-12-01	09:14	堆冰尾部至 WD32 上约 1 000 m 处,即冯家塔处
	09:38	堆冰头下移至 WD30 下约 1 000 m 处,即楼房下约 500 m 处
2007-12-03	10:30	堆冰尾部仍在冯家塔处
2007-12-05	10:30	堆冰尾端在 WD36 处,即柳青河下 1 000 m 处
2007-12-07	08:50	WD63 上 500 m 处流冰花,流凌密度 80%
	10:38	WD53 上下出现清沟两处,100 m×50 m,300 m×50 m
	10:40	WD57 丰准铁路桥下出现清沟 50 m×30 m
	12:48	WD57 丰准铁路桥下清沟被下泄冰填满
2007-12-09	16:28	堆冰尾部在 WD63 上 400 m 处,流凌密度 80%

日期(年-月-日)	时间(时:分)	冰情记录
2007-12-10	9:44	拐上流凌最大冰块为 100 m×40 m,堆冰尾部至 WD64 上 400 m 处
2007-12-11	10:13	WD68 处流冰花团(大),流凌密度 60%
	11:33	WD59 下 100 m 至 WD60 上 200 m 长 1 520 m 出现清沟,宽 20 m
2007-12-12	11:24	蒲滩拐自记水位计以上约 800 m 长全河宽未封
	12:00	WD64(即喇嘛湾公路桥下)封河(12 月 12 日为封河日)
2007-12-17	10:30	WD64 上下冰情稳定

根据岔河口冰情站 2007~2008 年整编成果[22]及冰情总结等纸介质资料可知,本年度流凌封河期,由于流凌密度一直较大,下潜流冰堵塞严重,使得封河期一直是在高水位、堆冰尾部快速上移的情况下结束流凌,即形成封冻。

根据冰情专项测验成果(见表 3-18)可知,11 月 27 日开始流凌至 12 月 9 日,随着 WD63 上 500 m 处冰流量的逐渐增大,流凌密度逐渐上升,平均冰流速逐渐增大,冰凌情势的发展过程与其下河段完全吻合。

表 3-18　黄河冰情站冰流量成果表(WD63 上 500 m)

施测号数	施测日期 (月-日)	施测时间 (时:分)	冰流量 (m^3/s)	平均 疏密度	平均 冰花厚 (m)	平均冰速 (m/s)	敞露 水面宽 (m)	冰花 密度 (t/m^3)	冰花折 算系数
1	11-27	09:00~09:12	3.1	0.4	0.1	1.02	180	0.38	0.42
2	11-27	18:00~18:12	0.78	0.1	0.1	1.03	180	0.38	0.42
3	11-28	08:00~08:12	3	0.3	0.1	1.33	180	0.38	0.42
4	11-28	18:00~18:12	0.99	0.1	0.1	1.31	180	0.38	0.42
5	11-29	08:00~08:12	16	0.8	0.2	1.31	180	0.38	0.42
6	11-29	18:00~18:12	12	0.6	0.2	1.33	180	0.38	0.42
7	11-30	08:20~08:32	18	0.9	0.2	1.3	180	0.38	0.42
8	11-30	17:30~17:42	16	0.8	0.2	1.31	180	0.38	0.42
9	12-01	08:12~08:18	16	0.8	0.2	1.32	180	0.38	0.42
10	12-03	08:00~08:12	13	0.8	0.2	1.11	180	0.38	0.42
11	12-04	08:30~08:36	19	0.8	0.2	1.59	180	0.38	0.42
12	12-05	09:00~09:06	19	0.8	0.2	1.61	180	0.38	0.42
13	12-08	08:30~08:36	20	0.8	0.2	1.62	180	0.38	0.42
14	12-09	08:36~08:42	22	0.9	0.2	1.61	180	0.38	0.42

注:全年在封河前施测 14 次,均采用简测法施测。开河期由于上游都是以各段堆冰逐段溃决下泄的特殊过程,敞流水面流冰极少,即以零计。

受地形边界条件和万家寨水库的回水影响,水泥厂附近堆冰壅水,使水位超过980 m,导致入库冰花在回水末端或堆冰末端堆积并向上游延伸,使得上游来水流速减小,在一定程度上也加剧了头道拐小流量持续时间的延长。

2. 万家寨库区和库尾各站的水位峰值和5 min 自记水位计过程线分析

图 3-44 给出了 2007~2008 年度万家寨库区、库尾各站 2007 年 12 月 5~27 日的水位过程,可以看出,水泥厂及其以上各水位站的水位变化过程同万家寨水库水位变化之间没有直接关系。

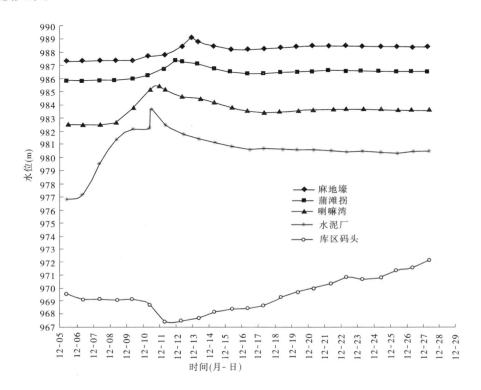

图 3-44　2007~2008 年度凌汛首封万家寨库区自记水位过程对比

图 3-45 给出了 2007~2008 年度万家寨库区、库尾各站 2007 年 12 月 5~13 日 5 min 自记水位计过程线。可以看出,库区码头、水泥厂、喇嘛湾、蒲滩拐和麻地壕五个水位站水位起涨和最高水位的时间。上面四个站的水位变化与码头站关系不大,但水泥厂、喇嘛湾、蒲滩拐和麻地壕四站的水位变化具有一定的对应传递关系。

3.4.2.5　河道内工程影响

2007~2008 年度凌汛期,包西铁路桥工程在建,由于施工栈桥及路基阻水,主流河宽和过流面积缩小,造成 2007 年 12 月 11 日 10 时在包西铁路桥上游 100 m 处率先封冻,影响了该年的自然首封地点和封河时间。封河以后,受施工设施影响,冰凌下泄不畅,桥位以上河段严重壅水,桥位上下具有水位差,凌汛期封冻冰盖上高下低,过流能力上大下小,致使桥位以上河段槽蓄水增量增加迅猛,而桥位以下冰盖低,流量小,影响了下游头道拐

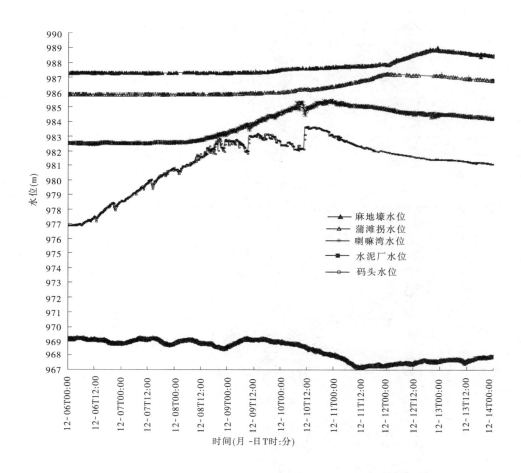

图 3-45　2007～2008 年度凌汛万家寨库区 5 min 自记水位过程线

小流量持续时间。

3.4.3　2008～2009 年度

2008 年 12 月 5 日,在三湖河口断面上游 4 km 处和包西铁路桥处同时出现首封。本年度头道拐断面小流量持续时间(2008 年 12 月 6 日至 2009 年 1 月 27 日)长达 53 d。

3.4.3.1　气温变化

受 11 月 25～27 日冷空气影响,内蒙古河段气温明显下降,头道拐、三湖河口断面相继于 11 月 26 日、27 日开始流凌,12 月 2～5 日,强冷空气再次入侵,5 日头道拐站日均气温为 -13.8 ℃,最低气温为 -17 ℃。受此影响,12 月 5 日 8 时三湖河口断面上游 4 km 处和包西铁路桥附近首封[23]。内蒙古河段三个水文站凌情概况见表 3-19。

受降温过程影响,巴彦高勒断面水温持续下降,12 月 5 日降为 0 ℃,基本无流凌。次日头道拐小流量开始发生,小流量期间的平均气温为 -10.2 ℃(见图 3-46),低于 1986～2009 年间小流量期间的均值 -8.99 ℃。

表 3-19   内蒙古河段三个水文站凌情概况

水文站	日期	日最低气温(℃)	日均气温(℃)	流凌密度
巴彦高勒	2008-12-21	−21	−11.7	封冻,平封为主
三湖河口	2008-11-27	−6	−3.6	30%
	2008-12-05	−16	−14	封冻,立封为主
头道拐	2008-11-26	−9	−2.4	10%
	2008-12-05	−17	−13.8	70%
	2008-12-06	−16	−11.7	封冻,平封为主

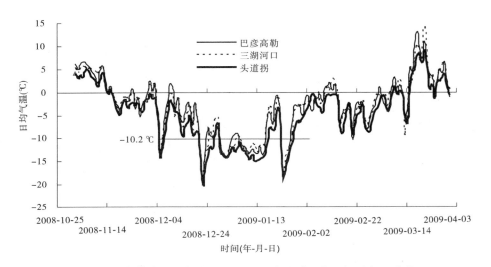

图 3-46   内蒙古河段各站 2008~2009 年度凌汛期日平均气温变化

2008 年 12 月 26 日头道拐断面冰厚为 13 cm,接下来逐渐增厚,到 2009 年 2 月 1 日达到最厚,为 65 cm(见图 3-47),之后随着冰盖厚度的减小,冰下流速逐渐增大,1 月 27 日小流量过程结束。

3.4.3.2   上游来水

2008 年 12 月 6 日至 2009 年 1 月 27 日头道拐小流量期间,三湖河口相应来水均值为 416 m³/s,略高于多年均值 409 m³/s。12 月 3~5 日,两站流量均呈急剧下降状态,三湖河口各日流量分别为 660 m³/s、380 m³/s 和 182 m³/s,见图 3-48。

3.4.3.3   槽蓄水增量

2008~2009 年度头道拐小流量期间内蒙古河段日槽蓄水增量过程线见图 3-49。在小流量过程初始阶段,内蒙古河段槽蓄水增量处于陡增状态,12 月 3~4 日增加了 0.273 亿 m³,12 月 4~5 日增加了 0.291 亿 m³。

2008~2009 年度头道拐小流量期间内蒙古河段累积槽蓄水增量为 13.043 亿 m³,以三湖河口—头道拐河段为主,为 8.194 亿 m³。三湖河口—头道拐河段和巴彦高勒—头道拐河段槽蓄水增量一直处于上升趋势。12 月下旬直至翌年 1 月上旬,冷空气频繁影响内

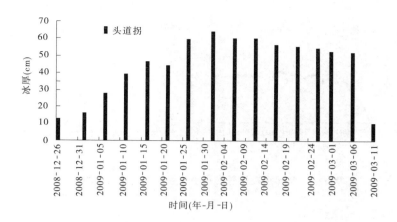

图 3-47　头道拐断面 2007~2008 年度冰厚情况

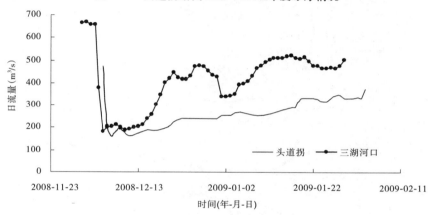

图 3-48　2008~2009 年度凌汛小流量期间头道拐和三湖河口相应日流量过程

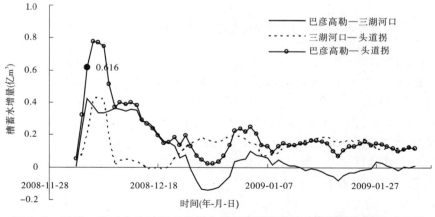

图 3-49　2008~2009 年度凌汛头道拐小流量期间内蒙古河段槽蓄水增量过程线

蒙古地区,巴彦高勒 12 月 21 日封冻,12 月 22 日气温达到该年度最低,为 −19.2 ℃,巴彦高勒—三湖河口累积槽蓄水增量在 12 月 23 日之后出现下降趋势,见图 3-50。

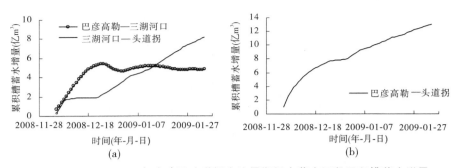

图 3-50　2008～2009 年度凌汛头道拐小流量期间内蒙古河段累积槽蓄水增量

3.4.3.4　万家寨水库运用

2008～2009 年度,在头道拐断面发生小流量且流量处于陡降状态(12 月 4～7 日)时,位于大坝上游 63 km 的水泥厂 5 日内水位上升 2.20 m(见图 3-18)。将图 3-18 局部放大(见图 3-51),进一步分析,可得如下结果:

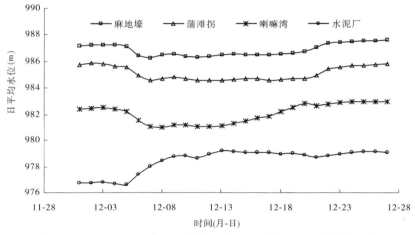

图 3-51　2008～2009 年度凌汛首封万家寨库区自记水位计的变化

(1)在头道拐流量陡降、水泥厂水位上升(12 月 5～10 日)时,喇嘛湾、蒲滩拐和麻地壕的水位均处于下降状态,万家寨坝上水位也是下降的。根据冰情总结 12 月 6～12 日堆冰尾部基本在 WD61 上下活动[24],可以判断,本次水泥厂水位上升主要是由堆冰引起的。

(2)12 月 20 日左右,麻地壕、蒲滩拐和喇嘛湾水位均有所抬升(1.0～1.7 m),水泥厂水位基本稳定。根据冰情总结可知,12 月 20 日气温急剧下降,WD70 以下全部封河,WD71～WD72 基本封河[24],因此这是水泥厂上游 3 个自记水位抬升的主要原因。

3.4.3.5　河道内工程影响

2008～2009 年度凌汛开河期,内蒙古大部分河段水位较上一年同期偏低,由于包西铁路桥施工栈桥桥桩及路基未清除,包西铁路桥附近河段水位与上一年同期持平或偏高。

2008～2009 年度由于东达礆口公路桥上首德胜泰浮桥引路过长,此段主河道被缩窄至 100～200 m,严重影响冰凌下泄。加上施工栈桥及其他障碍物影响,该河段过凌不畅,对该年的凌情和头道拐站小流量均有一定的影响。

巨合滩公路大桥上距头道拐水文站 11.5 km,施工栈桥桥桩及一些其他设施未清除,难免会造成卡冰壅水,影响冰凌下泄。开河期曾一度出现该河段过凌不畅,水位偏高。由于缺乏现场实测资料,难以断然下出结论,但很难说巨合滩公路大桥的施工对头道拐小流量过程没有影响。

3.4.4 典型年剖析小结

通过以上 3 个典型年分析,更进一步说明了影响头道拐小流量持续时间延长的主要因素是上游来水、内蒙古河段气温、槽蓄水增量、河道内工程等。万家寨水库的运用水位不会直接影响头道拐断面的流量过程。从 2007 ~ 2008 年度情况分析,但当库尾附近遇到严重凌情,水泥厂及其以上河段出现高水位壅水时,可能会对头道拐水文站的流量造成影响。

3.5 小 结

(1)采用 1986 ~ 2009 年间黄河凌汛期头道拐水文站日均流量资料进行分析,将 350 m^3/s 作为头道拐小流量上限阈值是合适的,此值相当于封河流量的 70% ~ 75%,对应的凌汛期间内的流量频率约为 80%。

(2)黄河宁蒙河段凌汛首封后头道拐首段小流量平均持续时间明显延长,由 1986 ~ 1997 年间的平均 17 d 延长至 1998 ~ 2009 年间的平均 39 d,前后相差 22 d。[300,350]、[250,300)、[200,250)和[150,200)不同量级小流量的平均持续时间也均呈现增多趋势。

(3)凌汛期头道拐首段小流量持续时间极端高值次数明显增多。在 1998 ~ 2009 凌汛年度的 12 年间,有 3 个年度出现头道拐小流量持续时间高于 50 d,分别为 2002 ~ 2003 年度的 63 d、2007 ~ 2008 年度的 54 d 和 2008 ~ 2009 年度的 53 d;而 1986 ~ 1997 年的 12 年间,头道拐首段小流量最长为 1991 ~ 1992 年度的 37 d,其余均少于 30 d。

(4)凌汛期头道拐首段小流量持续时间极端低值发生次数明显减少。1986 ~ 1997 年的 12 年间,有 3 个年度出现头道拐小流量持续时间低于 10 d,分别为 1990 ~ 1991 年度、1993 ~ 1994 年度和 1997 ~ 1998 年度;而 1998 ~ 2009 年的 12 年间,没有发生过持续时间低于 10 d 的小流量现象。

(5)凌汛期头道拐分段日均流量小于等于 350 m^3/s 持续时间统计结果为 1986 ~ 1997 年间平均 28 d,1998 ~ 2009 年间平均 45 d,前后相差 17 d。

(6)上游来水减少是影响头道拐首段小流量持续时间延长的主要原因。与 1986 ~ 1997 年相比,1998 ~ 2009 年头道拐首段小流量持续时间内,头道拐日均流量、相应巴彦高勒和三湖河口来水均呈现下降趋势,且越是上游下降幅度越大,表明头道拐首段小流量持续时间延长与上游来水减少有直接关系。

(7)气温高低是影响头道拐首段小流量持续时间的重要原因。1998 ~ 2009 年间凌汛期首段小流量持续时间内平均气温和 1986 ~ 1997 年间对比,以及历年首段小流量持续天数与同期内蒙古河段日平均气温均值对比,表现出气温偏高年份小流量持续时间短,气温较低年份小流量持续时间长,呈现峰谷反对应现象。这说明气温是影响小流量持续时间长短的重要原因,因为凌汛本身就是气温变化的产物。

(8)河道内的在建工程也是影响头道拐某些年份小流量过程的一个重要因素。①头道拐上游河道工程,工程建设施工压缩河道断面,形成冰凌卡口,影响凌汛首封位置和时间,改变巴彦高勒至头道拐区间河道槽蓄水增量的分布,影响头道拐水文站小流量过程。如:包西铁路黄河大桥施工栈桥和路基对2007~2008年度与2008~2009年度凌汛、包头东兴至树林召磴口黄河公路大桥施工栈桥及上游附近浮桥对2008~2009年度凌汛等均产生严重影响。②头道拐以下附近河段的河道工程,工程建设施工压缩桥位处河道断面,形成卡冰壅水,抬高桥上河道水位,直接造成头道拐水文断面过流不畅,如内蒙古巨合滩黄河公路大桥及施工栈桥对2008~2009年度凌汛有一定影响。

(9)河道淤积萎缩对内蒙古河段凌汛和头道拐水文站小流量过程有影响。由于黄河上游水库的修建,进入内蒙古河段的水沙过程发生了较大变化,造成主河槽严重淤积萎缩,平滩流量不断变小,加上围河修堤等人类活动因素,导致内蒙古河段凌汛期河道过流能力降低。由于主河道萎缩,增大了凌汛洪水漫滩的概率,不得不减小凌汛期间各个时段进入内蒙古河段的流量,使得头道拐水文站小流量过程持续时间变长。

(10)根据现有资料分析,万家寨水库的运用水位没有直接影响头道拐断面的流量过程。但当库尾附近遇到严重凌情,水泥厂及其以上河段出现严重高水位壅水时,可能会对头道拐水文站的流量造成影响。目前,万家寨水库凌汛期的运用还没有达到设计方案运用,建议今后在进行万家寨水库防凌调度时,应尽量避免库尾严重凌情发生,加强库尾凌情观测分析,研究探讨水库运用及库尾凌情对头道拐小流量过程持续时间延长的影响。

第4章　黄河北干流凌情及影响因素

黄河中游河口镇至潼关河段,因流向由北向南,常称"北干流"。此段因河道特性不同又分为两段,上段河口镇至禹门口为晋陕(蒙)峡谷,一般称"大北干流",下段禹门口至潼关河段,俗称"小北干流"。本章重点分析北干流河段的万家寨水库大坝至潼关的凌情及其影响。

4.1　北干流概况

4.1.1　万家寨—禹门口

北干流河道基本情况见图4-1。万家寨大坝至龙口河段,长约25.6 km,为峡谷河段,河窄流急,水面落差大,龙口水电站建成后,该段河道成为库区,在冬季由原来的不封冻变为封冻。

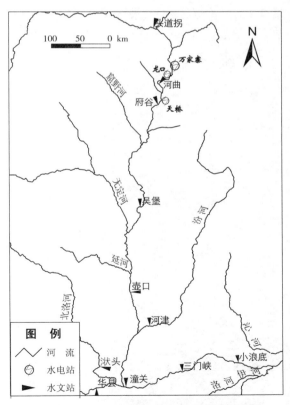

图4-1　北干流水文站、水利工程位置示意图

自龙口至天桥水电站区间为河曲河段,河道长约 70 km。龙口以下,河道骤然展宽,最宽处达 1 500 m,河心沙洲林立,河床曲折、多弯道。河段比降自上而下递减,由 1.54‰减至 0.60‰以下。冰期水流多分叉,流速减缓,冰凌常常滞留堆积,容易造成封冻。下段为船湾到天桥水电站,河道长约 28 km,为峡谷河道,比降大,约为 1‰。河谷右岸(陕西)为石山峭壁,左岸(河曲)为平缓开阔的黄土缓坡。

天桥以下至禹门口,是黄河干流上最长的一段连续峡谷,水力资源很丰富,由于河道断面小、比降大、水力作用强烈,天然情况下一般不发生封冻。

目前,北干流万家寨—禹门口河段除建有万家寨水库外,在万家寨大坝至府谷河段还建有龙口水库和天桥水电站。天桥水电站运用后改变了河曲河段河道的天然水流,致使冰凌特性发生了显著变化,除原龙口至船湾河段封冻外,库区段亦年年封冻,并且冰塞、冰坝明显增多,凌灾时有出现。

4.1.2 小北干流概况

黄河干流禹门口至潼关河段为小北干流,长 132.5 km,为晋陕两省界河。该河段河宽 3.5 ~ 18 km,平均河宽 8.5 km,落差 52 m,河道比降上陡下缓,上段 1/2 000,中段 1/2 400,下段 1/3 600。在此区间汇入的较大支流有汾河、涑水河、渭河等。禹门口以上河道狭窄,黄河出禹门口后突然展宽,河面开阔在平面形态上呈藕节状,即上下两段宽阔,中间河段较窄。上段禹门口至庙前长 42.5 km,平均宽 9.8 km,最宽 13 km;中段庙前至夹马口长 30 km,河宽 3.5 ~ 6.6 km;下段夹马口至潼关长 60 km,平均宽 11.6 km,最宽 18 km,见图 4-2。

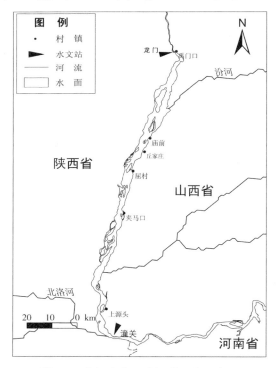

图 4-2 黄河小北干流河道形态示意图

该河段冲淤变化剧烈,属泥沙剧烈堆积游荡型河道,由于泥沙淤积,河道宽阔,非汛期流势散乱,浅滩密布,汊流交织。伏秋大汛期间洪水猛涨陡落,主流左右摆动,在一定水沙条件下,并伴随强烈"揭河底"冲刷现象发生。本河段滩区面积大,是天然滞洪滞沙区。

由于河床淤积后比降变小,易结冰封冻,部分小股分流汊道插冰封冻,过流断面会减小,水位自然壅高。另外,该河段横河、斜河多,有的甚至呈S形流路,遇上封河形成冰盖,极易产生冰塞。

从气候、地理等因素分析,小北干流河段不属严寒地区,该河段不产生大量流冰,小北干流河段河冰主要来自上游大北干流河段,特别是天桥水电站以下至禹门口的 526 km 河段。因此,小北干流的凌情与上游来冰关系密切,上游来冰量大而集中,小北干流的凌情就严重。

4.2 万家寨水库运用前后北干流流量过程变化

万家寨水库运用,北干流河道的边界条件、动力条件的较大变化,加上气候因素的影响,使北干流凌情发生了较大变化。

4.2.1 水库建成后出入库流量过程变化

水库调节作用使泄流出库过程与来水入库过程相比发生了明显变化。入库站头道拐流量过程变化相对较为平稳,12 月宁蒙河道封河后流量迅速减小,1 月流量比较稳定,进入 2 月随气温升高流量逐渐增大,见图 4-3。水库出流量过程整体趋势与入库流量过程基本一致,但流量过程波动较大,呈锯齿状变化,日际变幅明显增大,见图 4-4。

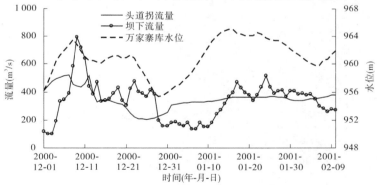

图 4-3 2000~2001 年度入出库流量过程对比

1999 年以来,每年 12 月 1 日至翌年 2 月 10 日入库流量日际变幅(相邻两日流量之差的绝对值)平均值为 16 m³/s,出库流量日际变幅平均值达到 64 m³/s,两者相差 48 m³/s。12 月入库流量日际变幅平均值为 27 m³/s,出库流量日际变幅平均值为 69 m³/s,相差 42 m³/s;1 月入库流量日际变幅平均值为 9 m³/s,出库流量日际变幅平均值为 61 m³/s,相差 52 m³/s;2 月 1~10 日入库流量日际变幅平均值为 23 m³/s,出库流量日际变幅平均值为 75 m³/s,相差 52 m³/s。

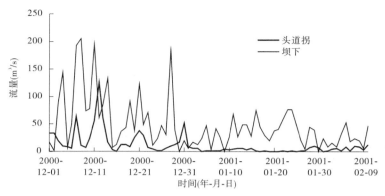

图 4-4 2000～2001 年度入出库流量日际变幅过程

4.2.2 北干流河道流量过程变化分析

万家寨大坝至潼关干流上有万家寨、河曲、府谷、吴堡和龙门等五个水文站,其中万家寨水文站为万家寨水库出库站,1994 年 9 月设立。万家寨大坝至河曲水文站建有龙口水库(2009 年建成),河曲—府谷水文站间建有天桥水电站(1977 年建成)。下面以河曲、府谷、吴堡和龙门四个水文站日均流量资料分析凌汛期流量变化,分析时间段同样为 12 月 1 日至翌年 2 月 10 日。

从北干流四个水文站凌汛期流量过程看出,进入 11 月、12 月以后,随着气温降低,宁蒙河道和北干流进入流凌封冻期,宁蒙河段封河后,来水量迅速减小,一般到 12 月下旬、1 月初北干流河道流量达到最低,之后随着封河的稳定,冰下过流能力的恢复,流量逐渐增大。

4.2.2.1 1986～1997 年情况

对 1986～1997 年凌汛期(12 月 1 日至翌年 2 月 10 日)流量日际变幅平均值进行统计,结果见表 4-1。由表 4-1 可以看出,从上游到下游凌汛期流量日际变幅平均值不断增大,其中河曲到府谷变化明显。

表 4-1 1986～1997 年凌汛期流量日际变幅平均值统计 (单位:m³/s)

项目	头道拐	河曲	府谷	吴堡	龙门
凌汛期平均	19	24	43	40	46
12 月	25	32	49	50	55
1 月	10	16	37	31	40
2 月	26	41	59	57	64

图 4-5 和图 4-6 分别为 1995～1996 年度凌汛期(12 月 1 日至翌年 2 月 10 日)河曲、府谷、吴堡和龙门四站的流量和日际流量变幅过程线。可以看出,受上游封河影响,12 月中旬四站流量自上而下依次减少,12 月中下旬四站均开始出现小流量过程。在此期间,四站日际流量变幅均比较大。

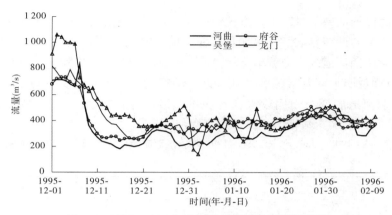

图 4-5　1995～1996 年凌汛期四站日均流量过程线

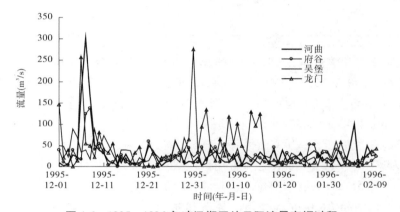

图 4-6　1995～1996 年凌汛期四站日际流量变幅过程

4.2.2.2　1998～2009 年情况

对 1998～2009 年凌汛期(12 月 1 日至翌年 2 月 10 日)流量日际变幅平均值进行统计,结果见表 4-2。由表 4-2 可以看出:①从头道拐到河曲变化较大,河曲以下变化不大,说明万家寨水库调峰发电运用,其下泄流量日际变幅增大;②从河曲到府谷变化不大,说明相对万家寨水库来讲,天桥水电站对河道流量的调节影响较弱。

表 4-2　1998～2009 年凌汛期流量日际变幅平均值统计　　　　　　　(单位:m³/s)

项目	头道拐	河曲	府谷	吴堡	龙门
凌汛期平均	19	59	63	70	61
12 月	27	66	67	73	68
1 月	9	58	60	68	57
2 月	23	57	81	81	71

4.2.2.3　1998～2009 年同 1986～1997 年对比

根据表 4-1 和表 4-2 计算得出 1998～2009 年同 1986～1997 年凌汛期流量日际变幅平均值差值(见表 4-3),可以看出:①日际流量变幅前后时段均值差,头道拐变化不大。②河曲流量日际变幅差值最大,说明万家寨水库调峰发电出库流量波动明显。③府谷日际变幅前后时段均值差值,12 月、1 月比河曲小,2 月上旬比河曲大,反映了天桥水电站及河道对沿程流量的调节影响。④吴堡日际变幅前后时段均值差值均比府谷大,反映了府谷至吴堡河段凌期河道的反向调节作用,应深入研究。⑤龙门日际变幅前后时段均值差值最小,一方面说明了离万家寨水库愈远受其调峰发电波动愈小,另一方面反映了吴堡至龙门河段凌期河道的调节作用较大。⑥1998 ~ 2009 年同 1986 ~ 1997 年相比,河曲、府谷、吴堡和龙门四个水文站日均流量日际变幅都明显增大。

表 4-3 1998 ~ 2009 年与 1986 ~ 1997 年凌汛期流量日际变幅平均值差值统计

(单位:m^3/s)

项目	头道拐	河曲	府谷	吴堡	龙门
凌汛期平均	0	35	20	30	15
12 月	2	34	18	23	13
1 月	−1	42	23	37	17
2 月	−3	16	22	24	7

在万家寨水库建成以前(1986 ~ 1998 年),北干流凌汛期河曲流量过程日际变幅较小,1986 ~ 1987 年度至 1997 ~ 1998 年度(12 月 1 日至翌年 2 月 10 日),河曲日际变幅平均值为 24 m^3/s,经过天桥水电站后,日际流量变幅增大,府谷、吴堡和龙门日际变幅平均值分别为 43 m^3/s、40 m^3/s 和 46 m^3/s,其中龙门变幅最大。

从凌汛期各月分析,在万家寨水库建成以前,12 月头道拐日际变幅平均值为 25 m^3/s,河曲为 32 m^3/s,经天桥水电站后,府谷、吴堡和龙门的日际变幅平均值分别为 49 m^3/s、50 m^3/s 和 55 m^3/s,有明显增大。1 月日际流量变幅相对较小,头道拐日际变幅平均值为 10 m^3/s,河曲为 16 m^3/s,府谷、吴堡和龙门日际变幅平均值分别为 37 m^3/s、31 m^3/s 和 40 m^3/s。2 月上旬,头道拐日际变幅平均为 26 m^3/s,河曲、府谷、吴堡和龙门日际变幅平均值分别为 41 m^3/s、59 m^3/s、57 m^3/s 和 64 m^3/s。可见,在所分析的三个月中,变幅以 2 月上旬为最大。

万家寨水库 1998 年建成运用后,北干流凌汛期河道流量过程发生了较明显的变化,河道流量过程受水库下泄过程控制,主要表现在流量过程波动幅度较建库前明显增大,过程线形状呈更加明显锯齿状变化。

距万家寨水库较近的河曲水文站受水库下泄的影响最为明显,流量日际变幅最大,1998 ~ 1999 年度至 2009 ~ 2010 年度(12 月 1 日至翌年 2 月 10 日)日际流量变幅平均值为 59 m^3/s,较建库前增加 35 m^3/s;府谷、吴堡、龙门日际流量变幅平均值分别为 63 m^3/s、70 m^3/s 和 61 m^3/s,分别较建库前增加 20 m^3/s、30 m^3/s 和 15 m^3/s,表明离万家寨水库越远的站受到的影响越弱。从天桥水电站的入出库站河曲、府谷的流量对比分析,两者差别不大,反映近来天桥水电站对河道流量的调节影响相对较弱。

从凌汛期各月份分析,在万家寨水库建成以后,12 月头道拐流量日际变幅平均值为 27 m^3/s,河曲、府谷、吴堡、龙门日际流量变幅平均值为 66 m^3/s、67 m^3/s、73 m^3/s 和 68 m^3/s,1 月头道拐来水量日际变幅平均值为 9 m^3/s,河曲等四站日际流量变幅平均值分别为 58 m^3/s、60 m^3/s、68 m^3/s 和 57 m^3/s,2 月上旬头道拐来水量日际变幅平均值为 23

m^3/s,河曲等四站日际流量变幅平均值为 57 m^3/s、81 m^3/s、81 m^3/s 和 71 m^3/s,均较建库前有所增加,可见万家寨水利枢纽的运用对北干流流量过程产生了明显的影响。

4.2.3 凌汛期河道水量变化分析

近十几年来,黄河宁蒙河段凌汛期槽蓄水增量显著增大,北干流河道凌汛期来水量相应发生明显的变化,基本呈减少的趋势。

从图 4-7 看出,20 世纪 90 年代以来上游头道拐来水量呈显著下降趋势,北干流河道水量变化与来水量变化基本一致,均呈相似的下降趋势。

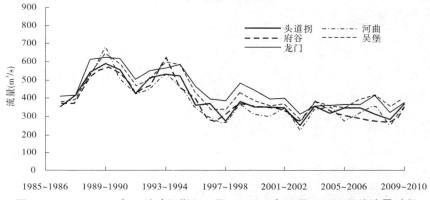

图 4-7 1986~2010 年五站凌汛期(12 月 1 日至翌年 2 月 10 日)平均流量过程

统计结果显示,1986~1997 年和 1998~2009 年的各 12 个年头道拐平均流量分别为 455.09 m^3/s、336.08 m^3/s,后者较前者减少了 26%。北干流河曲、府谷、吴堡和龙门的流量较万家寨建库前分别减少 30%、27%、23% 和 25%,减少幅度基本与头道拐相当。2002~2003 年和 2008~2009 年度凌汛期平均流量最小,均小于 300 m^3/s。

万家寨建库后,12 月头道拐平均流量为 319.47 m^3/s,较建库前减少了 25%,河曲、府谷、吴堡和龙门的流量较万家寨建库前分别减少 29%、24%、19% 和 21%。其中,2001 年、2002 年、2003 年、2005 年、2008 年 12 月头道拐平均流量最小,为 245~260 m^3/s。

万家寨建库后,1 月减少幅度最大,建库后头道拐平均流量为 304.42 m^3/s,较建库前减少了 31%,河曲、府谷、吴堡和龙门的流量分别减少 32%、35%、30% 和 31%,头道拐流量小于 300 m^3/s 的有 2003 年、2005 年、2008 年、2009 年,其中 2003 年流量仅 205.88 m^3/s。

通过以上分析可知,北干流凌汛期河道流量的变化与上游内蒙古河段来水变化趋势基本一致,表明上游来水变化与北干流河道流量变化显著相关,也说明万家寨水库运用后北干流凌汛期河道流量减少的主要原因是近年来上游来水明显减少。1986~2010 年间流凌封河期头道拐和北干流四站流量详见表 4-4。

4.2.4 北干流河道日均流量变化分析

近十几年来凌汛期北干流河道流量呈明显减小的变化趋势,较小的日均流量天数明显增加。本次重点分析北干流河道在 12 月 1 日至翌年 2 月 10 日时段的日流量小于等于 300 m^3/s 的变化特点,见表 4-5、图 4-8。

表4-4 1986~2010年凌汛期头道拐、河曲、府谷、吴堡和龙门五站流量统计

（单位：m³/s）

年份	头道拐 12月	头道拐 1月	头道拐 2月	头道拐 均值	河曲 12月	河曲 1月	河曲 2月	河曲 均值	府谷 12月	府谷 1月	府谷 2月	府谷 均值
1986	283.88			355.07	286.29			286.29	288.16			374.31
1987	358.16	388.09	407.50	414.49	358.39	458.65	326.20	426.34	334.95	421.71	494.40	372.49
1988	395.97	465.44	350.10	543.31	852.77	617.84	597.40	503.29	401.48	425.45	324.70	518.90
1989	781.97	647.94	572.60	588.39	429.23	524.90	681.10	687.76	814.13	619.13	572.20	574.26
1990	447.22	350.91	612.50	557.06	461.19	540.74	626.00	504.57	494.71	354.06	513.30	539.26
1991	382.56	571.59	751.90	423.64	543.39	346.03	532.40	421.50	457.16	550.42	642.80	433.74
1992	546.53	365.13	658.90	513.10	555.03	374.06	365.70	445.81	565.71	351.13	617.20	465.53
1993	546.56	455.25	489.90	532.67	531.68	526.68	463.00	530.04	648.48	395.06	373.40	623.10
1994	466.06	512.59	447.20	521.93	364.81	354.26	648.30	471.49	517.00	652.42	453.50	450.94
1995	326.66	495.56	682.00	363.94	217.23	313.77	371.60	343.78	403.45	370.39	495.90	397.10
1996	369.28	378.38	365.60	373.43	248.76	350.39	327.00	289.81	185.45	400.71	366.20	268.01
1997	240.73	367.22	333.20	274.04	409.68	277.29	252.50	261.57	284.10	339.84	301.30	305.72
1998	431.28	286.22	288.20	380.14	374.23	359.50	301.80	373.09	464.52	331.61	292.50	378.94
1999	349.44	325.66	316.10	350.88	334.88	185.00	492.50	309.18	428.19	316.69	306.60	359.75
2000	341.63	258.03	583.70	350.93	274.03	245.87	321.40	294.68	394.42	228.68	553.90	354.51
2001	248.63	336.38	358.40	347.04	252.72	332.61	607.60	345.58	298.04	316.48	348.70	339.68
2002	261.31	365.78	542.10	251.76	322.09	202.77	186.33	221.99	294.85	316.02	542.10	266.99
2003	282.66	205.88	306.50	358.36	486.55	306.74	479.50	337.34	344.90	251.23	167.70	385.73
2004	374.13	361.84	497.60	317.06	258.00	260.13	212.40	350.99	438.97	373.97	548.80	328.21
2005	260.50	223.88	379.20	350.11	270.97	274.55	345.70	277.31	289.45	211.77	345.80	305.82
2006	299.06	379.88	468.40	350.24	344.55	357.13	303.00	312.51	271.32	325.00	297.10	290.31
2007	335.28	333.84	493.40	314.72	256.29	385.90	343.60	362.22	319.35	274.81	397.20	277.38
2008	246.25	274.34	326.10	287.46	355.35	220.23	263.00	241.69	211.95	246.55	242.80	270.01
2009	403.47	286.06	370.00	374.25		343.58	400.90	356.61	324.74	269.06	452.90	319.97
2010		301.50	438.40							264.77	476.30	
建库前	428.80	440.36	496.63	455.09	440.80	425.87	471.93	438.25	449.57	434.33	453.95	443.61
建库后	319.47	304.42	423.33	336.08	328.28	289.50	354.81	315.27	340.06	282.92	389.99	318.03
差值	109.33	135.94	73.30	119.01	127.97	136.37	117.12	122.98	109.51	151.41	63.96	125.58

续表 4-4

年份	吴堡				龙门			
	12 月	1 月	2 月	均值	12 月	1 月	2 月	均值
1986	280.29			378.15	351.06			409.40
1987	378.16	434.77	506.00	389.64	392.77	418.97	560.60	415.26
1988	406.39	438.19	274.70	533.33	501.74	481.16	280.70	615.81
1989	892.90	672.00	497.00	642.99	883.32	748.77	557.20	623.49
1990	550.97	415.35	573.90	586.58	625.84	414.94	464.50	620.64
1991	490.19	580.77	715.00	466.78	566.84	566.45	772.50	501.07
1992	588.61	379.58	664.50	501.61	687.16	375.48	686.50	550.76
1993	603.10	426.29	465.40	592.79	591.52	419.03	536.30	566.49
1994	609.35	616.00	488.90	581.74	666.52	553.29	529.80	586.75
1995	459.58	507.13	727.40	424.85	573.13	430.16	824.90	464.83
1996	257.03	398.45	399.00	337.53	290.68	367.74	430.10	397.92
1997	304.26	412.35	355.10	336.56	391.29	481.68	470.70	388.14
1998	496.55	367.77	339.90	430.03	559.39	390.45	371.20	482.96
1999	458.84	382.13	372.30	382.06	589.87	426.10	422.30	446.54
2000	377.13	240.42	583.10	357.21	418.19	292.61	479.40	395.88
2001	369.58	319.61	412.00	368.86	416.65	358.23	443.40	400.60
2002	323.76	314.83	534.10	280.17	417.29	338.29	544.00	316.87
2003	373.74	264.55	193.50	378.00	406.94	245.96	225.40	356.64
2004	525.61	334.97	524.60	358.04	574.58	271.45	464.80	363.90
2005	289.42	204.87	313.40	346.99	313.13	185.57	263.60	367.88
2006	357.94	371.45	449.60	391.01	362.90	389.68	470.00	368.14
2007	483.26	385.29	511.30	418.43	452.74	342.81	462.90	417.60
2008	287.16	365.55	381.40	353.43	297.03	383.97	412.90	324.19
2009	391.32	380.45	475.10	403.13	371.65	296.97	492.80	378.92
2010		375.39	525.70			358.90	463.50	
建库前	485.07	470.72	500.57	481.05	543.49	470.68	540.42	511.71
建库后	394.53	328.29	439.68	372.28	431.70	324.21	428.75	385.01
差值	90.54	142.43	60.89	108.77	111.79	146.47	111.67	126.70

表 4-5　头道拐、河曲、府谷、吴堡和龙门站凌汛期小流量出现天数统计

年份	头道拐		河曲		府谷		吴堡		龙门	
	$Q\leqslant350$ m³/s	$Q\leqslant300$ m³/s	$Q\leqslant350$ m³/s	$Q\leqslant300$ m³/s	$Q\leqslant350$ m³/s	$Q\leqslant300$ m³/s	$Q\leqslant350$ m³/s	$Q\leqslant300$ m³/s	$Q\leqslant350$ m³/s	$Q\leqslant300$ m³/s
1986~1987	28	13	28	15	29	19	33	18	19	7
1987~1988	23	10	11	5	23	14	23	17	24	19
1988~1989	12	7	13	11	9	6	13	9	4	2
1989~1990	19	0	0	0	16	6	6	4	6	2
1990~1991	6	4	5	4	6	5	5	3	2	0
1991~1992	36	28	35	29	34	27	34	24	22	15
1992~1993	10	8	29	15	27	21	16	9	11	4
1993~1994	2	0	0	0	0	0	0	0	1	1
1994~1995	19	11	36	25	25	17	13	7	14	9
1995~1996	30	15	48	37	21	12	20	9	12	6
1996~1997	18	0	46	36	59	44	33	29	28	20
1997~1998	63	53	62	57	59	40	46	32	22	11
1998~1999	43	28	37	24	35	24	27	15	19	11
1999~2000	46	38	47	39	39	32	40	30	33	23
2000~2001	36	11	49	33	28	24	33	28	24	24
2001~2002	38	36	42	39	43	38	40	32	34	31
2002~2003	63	59	58	54	51	46	50	46	48	45
2003~2004	37	30	37	35	32	29	35	29	43	36
2004~2005	44	36	42	36	43	36	42	37	40	37
2005~2006	36	29	49	40	52	44	43	35	32	29
2006~2007	40	30	56	39	53	47	35	22	38	22
2007~2008	60	40	35	21	58	54	30	20	21	16
2008~2009	60	45	63	60	53	46	35	29	38	35
2009~2010	24	20	41	33	45	37	28	18	30	16
建库前	22	12	26	20	26	18	20	13	14	8
建库后	44	34	46	38	44	38	37	28	33	27

注：统计时间为 12 月 1 日至翌年 2 月 10 日。

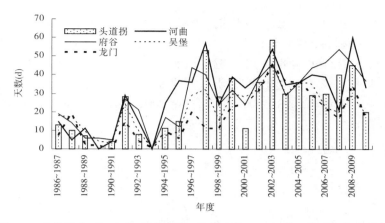

图4-8　头道拐、河曲、府谷、吴堡、龙门站小于等于300 m³/s出现天数统计图

从统计表和图可以看出,1997年以后河道小流量天数大幅增加。

万家寨水库投入运用的1998年以前,北干流整个12月1日至翌年2月10日河道小于等于300 m³/s小流量出现的天数较少,头道拐平均为12 d,到河曲增加到21 d,经天桥水电站后,到府谷减少为18 d,吴堡为13 d,龙门为8 d,北干流凌汛期小流量天数基本上呈沿程递减的变化趋势,这与区间支流有少量水量加入有关。

万家寨水库运用后的10多年,北干流小于等于300 m³/s小流量出现天数显著延长,头道拐大幅增加到34 d,经万家寨水库后到河曲增加到38 d,经天桥水电站到府谷也为38 d,到吴堡为28 d,龙门为28 d。可见万家寨水库和天桥水电站对小流量的影响并不明显,北干流小流量天数主要与头道拐小流量天数显著相关。

12月流量小于300 m³/s的天数,建库前1986～1997年,头道拐、河曲、府谷、吴堡、龙门平均出现的天数分别为9 d、10 d、7 d、10 d和6 d,建库后1998～2010年,五站出现的天数平均分别为17 d、12 d、13 d、13 d和11 d,分别增加8 d、2 d、6 d、3 d和5 d,见图4-9。建库后小流量出现天数较多的有2001～2002年、2003～2004年和2008～2009年度。

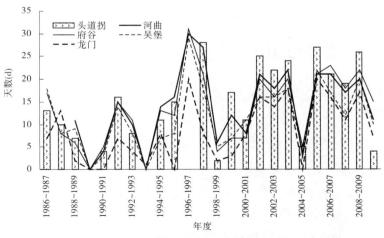

图4-9　12月五站流量小于等于300 m³/s出现天数统计

1 月流量小于 300 m³/s 天数,建库前 1986 ~ 1997 年,头道拐、河曲、府谷、吴堡、龙门平均出现的天数分别为 2 d、7 d、5 d、2 d 和 0 d,建库后 1998 ~ 2010 年,五站出现的天数平均分别为 16 d、19 d、20 d、14 d 和 10 d,分别增加 14 d、12 d、15 d、12 d 和 10 d,见图 4-10。可见 1 月小流量出现天数的延长更为明显。建库后小流量出现天数较多的有 2002 ~ 2003 年、2004 ~ 2005 年和 2008 ~ 2009 年度,其中 2002 ~ 2003 年和 2008 ~ 2009 年度北干流出现了较为严重的凌汛。

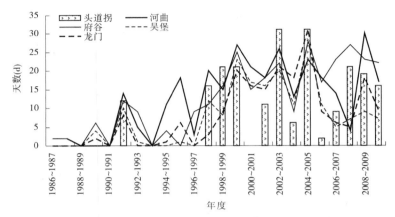

图 4-10　1 月五站流量小于等于 300 m³/s 出现天数统计

从统计表和图分析可以看出,万家寨建成后的时间段,北干流河道凌汛期各月不同流量级小流量出现的天数明显增加,与上游头道拐小流量变化趋势基本是一致的,可见头道拐小流量变化对下游北干流河道流量过程影响很大。

近十几年来头道拐凌汛期小流量过程延长,小流量天数大幅增加,与上游来水减少、宁蒙河道淤积、工程阻水等多种因素有关。如 1997 ~ 1998 年度,头道拐小于等于 300 m³/s 天数达到 53 d,主要原因有:①在封河期(1997 年 12 月至 1998 年 2 月)黄河上游兰州站平均流量为 360 m³/s,来水量较历年同期偏少 36%;②该年度冬季封河早、首封流量小、封河水位低。

4.3　北干流凌情变化分析

黄河北干流凌情较严重的河段主要有河曲河段和小北干流河段,下面重点分析这两个河段的凌情变化。

4.3.1　河曲河段凌情变化分析

4.3.1.1　万家寨建库前河曲凌情

天桥水电站建成前,河曲段多年平均流凌日期为 11 月 20 日。平均封河日期为 12 月 16 日,比上游头道拐河段晚 2 d 左右;平均开河日期为 3 月 17 日,比头道拐河段早 5 d 左右;稳定封冻期一般约 92 d,其首封地点多在石窑卜弯道卡口处。封河时,若河曲河段封河日期早于头道拐,则上游未封河段的大量流冰花在此受阻,易形成冰塞灾害;若河曲河段封河日期晚于头道拐,因上游流凌减小,河曲河段封河平稳。开河时,如河曲河段开河日期晚于头道拐,可能会在河曲河段产生凌灾;若河曲河段开河日期早于头道拐,则流凌顺畅通过,不会产生凌灾。

天桥水电站建成后,河曲河段多年平均流凌日期为 11 月 19 日,较建站前提前 1 d。流凌天数,最多为 1989 年的 36 d,最少为 1987 年的 1 d,平均 20 d;多年平均封河日期为 12 月 8 日,提前了 8 d;多年平均开河日期为 3 月 27 日,较电站建设前推迟了 10 d;稳定封冻期为 110 d,延长了 18 d。

河曲河段上游峡谷的河道比降达到 1.3‰,流速很大,使得峡谷河段不易封河而成为大的造冰场,整个冬季冰凌不断产生、下泄。河曲县城下游的石窑卜有一个大弯道,流凌一旦在弯道卡塞,冰盖会快速上延,到达县城附近时由于流速加大促使冰花下潜,极易在冰盖下形成堆积,堵塞过流断面,产生冰塞壅水。由于天桥水电站的建设改变了原河道的排凌条件,河道封冻、首封段下移,使得大量冰凌滞留在该河段,难以下排,冰盖、冰花层增厚,以致冰塞、冰坝现象频繁出现,凌灾发生概率增加。在 1978～1998 年间,共有 12 年发生了 13 次大小不等的冰凌灾害,其中有 3 次发生在初封期,5 次发生在稳封期,5 次发生在开河期。比较严重的有 1981～1982 年度、1989～1990 年度 2 次,发生地点一般在南园、北园、娘娘滩、英占滩。

4.3.1.2　万家寨建库后凌情变化

万家寨水库建成运用后,来自内蒙古河段的冰凌被拦截于万家寨库区,减轻了河曲河段的外来冰凌压力。在封河期,由于没有万家寨以上来冰,加上大坝底孔泄流水温提高,致使河曲河段的初封日期、稳封日期明显推迟,河道封河长度缩短。建库后河曲河段流凌时间一般在 12 月上旬,封河时间在 12 月中旬,见表 4-6。1998～2009 年的 12 个凌汛年度,封河起始日期大约推迟了十几天,河曲河段最大封河长度有所缩短。

万家寨水库拦蓄了上游冰凌,使河曲河段冰厚减小、储冰量减少。在开河期,天桥水电站还利用万家寨水库大流量泄流,主动有计划地实施库区排沙,延缓库区淤积,改善输冰输沙能力。但是,万家寨水库凌汛期下泄流量不稳定,流量变幅大,突发性大流量概率增加,有加剧河曲河段凌情、引发严重凌灾的可能。1998～1999 凌汛年度最为典型。

综上所述,万家寨水库运用将来自内蒙古河段的冰凌拦蓄于万家寨库区,河曲河段初封日期、稳封日期明显推迟,开河日期提前,河道封河长度缩短,平均冰厚减小,河道储冰量明显减少,凌情形势趋于稳定。但其发电调峰运用方式,使凌汛期下泄流量不稳定,变幅加大,突发性大流量概率增加,有加剧河曲河段凌情、引发严重凌灾的可能,1998～1999 凌汛年度过后,初步形成了控制河曲河段凌情相对稳定的凌期水库调度原则。

4.3.2　小北干流凌情变化分析

4.3.2.1　万家寨水库建成前小北干流凌情分析

一般情况下,小北干流在每年的 11 月下旬或 12 月初才开始流凌,次年 2 月中下旬终冰,主要冰情有岸冰、流冰花、流冰,少数年份在局部河段出现封冻现象。初封时间多发生在 12 月中下旬,少数年份可延迟到 1 月中旬,封冻期为 10～30 d,最多可达 40 多 d(如 1977～1978 凌汛年度)。封冻河段主要在龙门至夹马口河段。

表 4-6　万家寨水库运用后北干流河段凌情特征值统计

年份	河段或站名	流凌时间	封河时间	首封地点	最大封河长度（km）	开河时间	封冻历时（d）	最大冰厚（m）	说明
1999~2000	河曲		1月5日		65	3月9日	63		
	龙门		12月22日			2月12日			2000年小北干流清涧湾出现险情
2002~2003	河曲	11月21日	12月8日	天桥坝前	71	3月18日	101	0.87	
	府谷—龙门		12月21日	神木至佳县	95	2月23日	65	0.9	吴堡2月23日22时出现1 580 m³/s的凌峰
	小北干流	12月11日	12月27日	南谢	8.6	1月26日	31	0.2	潼关站封河流量只有47 m³/s（1月5日），为历史最小
2003~2004	河曲	12月2日	12月7日	天桥坝前	65.6	2月20日	22	0.93	2004年1月多处工程有险情，山西永济滩地进水
	小北干流	12月7日	1月19日	永济河段	20	1月19日			
			1月28日	永济河段		1月31日			
2004~2005	河曲	12月9日	12月29日	天桥坝前	68.2	2月23日	81		
	小北干流	12月13日	1月4日		22	1月27日	24		1月25日，山西清涧湾、西范工程出现险情
2005~2006	河曲	12月2日	12月18日	天桥坝前	73	2月24日	81		
	小北干流	12月4日	1月2日		2.2	1月7日			流凌开始早，封河历时短，封冻长度小
2006~2007	河曲	11月28日	12月16日	天桥坝前	71	2月25日			
2007~2008	河曲	12月6日	12月15日	天桥坝前	62	3月14日			
	小北干流	12月15日	1月26日	韩城河段	44.5	2月13日			
2008~2009	河曲	12月3日	12月10日	天桥坝前	67	2月2日			1月17日壶口突发凌汛灾害，18日小北干流桥南工程出现险情
	北干流								
2009~2010	河曲	12月6日	12月18日	天桥坝前	55	2月3日			壶口1月12日起封冻5 km，小北干流清涧湾出现险情
	小北干流	12月18日	1月14日	小石嘴	16	2月18日	39		

黄河小北干流地理位置、河流流向以及气候特征都有利于缓解凌情,但特殊的河道特性、河床条件对流冰极为不利,若遇寒潮和上游来冰较多,也可能发生凌汛灾害。

1977 年以前小北干流发生凌灾较少。1977 年以来,特别是龙刘水库运用之后,小北干流河段来水偏枯,一直未发生"揭河底"冲刷,河床淤积严重,主槽萎缩;另外,该河段河道宽浅、散乱,横河、斜河较多,有的呈 S 形流路,泥沙使河床不断淤高,主槽行洪能力下降,河道输冰能力降低,不利于流凌,造成该河段封冻概率增大,上游流凌、冰块难以顺利下泄,容易形成冰塞、冰坝等。如 1996 年 1 月的凌灾,灾害损失最为严重,该年的严重凌汛是气温、流量、河道淤积和水库壅水等因素综合作用的结果。1973 ~ 1998 年黄河小北干流共出现 7 次较严重凌汛,见表 4-7。

表 4-7   1973 ~ 1998 年黄河小北干流凌汛特征统计

序号	时段(年-月-日)	站名	初封流量(m^3/s)	冰情及壅水情况
1	1978-12-06 ~ 1978-12-22	北赵	206 ~ 354	间断性、封冻 14 d
2	1980-12-26 ~ 1981-01-18	庙前	280 ~ 366	封冻壅水高 0.3 m
3	1982-12-09 ~ 1983-01-29	大石嘴	119 ~ 317	封冻,壅水不明显
4	1984-12-22 ~ 1985-02-28	大石嘴	330 ~ 387	封冻,壅水高 1.05 m
5	1986-12-22 ~ 1987-01-31	大石嘴	267 ~ 307	间断性、封冻 33 d
6	1991-12-30 ~	芝川		封冻冰坝水位壅高 2 m
7	1996-01-24 ~ 1996-01-31	潼关	230 ~ 250	封冻水位壅高 1.5 m

4.3.2.2   万家寨水库建成后小北干流凌情分析

万家寨水库建成运用后,小北干流流凌时间一般在 12 月上中旬,封河日期一般在 12 月底至 1 月底,见表 4-6。与水库建成运用前相比,流凌封河情况变化不明显。

近十几年来,小北干流河道淤积严重,在气温、河道形态、河道流量、来冰量以及万家寨水库下泄流量等因素综合作用下,曾多次发生较为严重的凌汛或凌灾,如 1998 ~ 1999 年度、1999 ~ 2000 年度、2002 ~ 2003 年度、2003 ~ 2004 年度、2008 ~ 2009 年度和 2009 ~ 2010 年度。

4.3.3   万家寨水库对北干流凌情的影响

经过近十几年来的水库运用情况分析,万家寨水库运用对下游北干流河段的凌情既带来了有利的一面,也产生了不利的影响。

有利方面:万家寨水库拦截了上游冰凌来源,改善了进入下游河道流量的控制条件,减轻了下游河段的冰凌压力。水库的兴建提高了进入下游河道水体的温度,使下游流凌与封河日期明显推迟,开河时间提前,稳封时间缩短,封河上首下移,河道封冻长度缩短,冰厚变薄,河道储冰量减少。

不利影响:万家寨水库的发电调峰运用方式,使凌汛期下泄流量不稳定,流量变幅加大,大流量时有发生,有加剧河曲河段凌情,引发严重凌灾的可能,以1998~1999凌汛年度最为典型。1999年以后,为确保凌汛期河曲河段凌情相对稳定,在黄河防汛抗旱总指挥部办公室的协调下,经过万家寨水库和天桥电厂同山西电网、蒙西电网共同努力,初步形成凌汛期间万家寨水库发电机组同时运行台数不超过4台,控制水库泄量不超过1 200 m³/s的凌期水库调度原则。但是,由于水库调峰发电运用,进入北干流河段的流量变幅仍然较大,如遇不利的气温条件,黄河北干流河段仍有发生严重凌汛灾害的可能。

4.4　北干流凌汛变化影响因素分析

黄河北干流凌汛的发展同其他河流一样,与热力条件、动力条件和河道边界条件有密切关系。北干流河段的凌汛,是气温、河道边界条件、流量、水库运用等因素综合作用的结果。

4.4.1　气温变化

气温的高低决定着冰量和冰质,是影响河道结冰、封冻和解冻开河的主要因素。

图4-11为北干流河段河曲、吴堡(绥德气象站)1987~2010年凌汛期(12月1日至翌年2月10日)平均气温变化过程图,可以看出气温变化基本围绕均值上下波动,近几年河曲气温呈上升变化趋势(2004年后河曲气温资料来源于黄河凌情日报)。

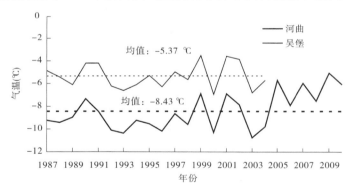

图4-11　北干流河段河曲、吴堡气象站1987~2010年凌汛期平均气温变化过程图

根据凌情观测资料,气温低则河道封冻长度长,气温高封冻长度短。2000年1月,黄河遭遇低气温天气,河曲1月平均气温为−12.2 ℃,晋陕峡谷内大面积结冰,龙门水文站上下河面均封冻。2002~2003凌汛年度黄河北干流河段遭遇20多年来最低气温,河曲站(12月1日至翌年2月10日)平均气温为−10.8 ℃,其中1月平均气温为−13.2 ℃,北干流出现了历史罕见的封冻。该河段12月5日出现凌情,到3月20日整个北干流河段开通,历时106 d。

对北干流凌灾影响最大的是气温的急剧下降,1995~1996年度和1999~2000年度以及2009~2010年度北干流的凌灾都是因为遭遇到了寒流侵袭。开河期气温突然升高也会对凌汛产生严重影响,比较典型的为2008~2009年度北干流凌灾。

4.4.2　河道边界条件

4.4.2.1　河道形态

河道形态是产生冰凌阻塞的河势条件,北干流河曲河段和小北干流河段易形成严重凌汛或凌灾,与这两个河段河道形态密切相关。

河曲河段上段龙口至船湾,河道宽阔,多弯道、河心滩,冰期水流多分叉,流速减缓,常常冰凌滞留堆积,容易造成封冻。位于河曲城关下游 4 km 的石窑卜断面,处于弯道凹岸顶点部位,凹岸有裸露石崖,凸入河心,形成天然卡口,该处河床狭深,上游比降小,下游比降大,因此在没有下游库冰堆积上封情况下,当流凌密度大于 70% ~ 80%、河面流速小于 0.6 ~ 0.8 m/s 时,冰块会首先在此卡阻,形成初封冰盖。随着凌花的堆积,冰盖不断上延可直抵龙口附近,见图 4-12。

小北干流上段,禹门口以上河道狭窄,黄河出禹门口后突然展宽,河面开阔,水位突然降低,冰块易搁浅。上段大石嘴河湾与禹门口相对,为历年大中小水流汇聚顶冲之处,水域狭窄,弯道水流流向急剧变化,具有兜溜、卡冰作用,这是大石嘴冰期卡冰封冻现象频繁出现的主要原因。

小北干流下段的永济河段最宽达 18 km,到了潼关后,又突然紧缩为 800 m,形成潼关卡口,且折向东流,河道呈 L 形大弯,极易壅塞堆积。

4.4.2.2　水利工程对北干流冰凌的影响

北干流万家寨大坝以下河道,目前已建的水库工程有 1977 年建成的天桥水电站和 2009 年建成的龙口水电站。

1.天桥水电站对库区上游河段冰凌影响

1977 年天桥水电站投入运用,改变了河曲河段河道的天然水流,致使冰凌特性发生了变化,基本上年年封河。由于库区水面坡降变缓,流速降低,大量冰花滞留库区,敞流段变为封冻河段,天桥大坝造成的径流条件改变,使原来的石窑卜天然起封点下移至天桥大坝,并上溯延伸,以致河曲河段冰塞、冰坝现象频繁出现。

由于水电站大坝建设时,对泥沙冲淤平衡和水库淤积考虑不足,大坝设计排沙能力严重偏低,加上多年淤积,原有排沙功能也在锐减,致使库区淤积速度加快。电站刚建成时总库容为 6 700 万 m³,目前库容仅为 1 400 万 m³,库区淤积量已达总库容的 80%,天桥水电站对冰凌基本上已没有调节作用。

由于库区淤积严重,造成库区上游河床淤高,导致水库回水末端延长。建库时设计回水末段淤积不超过距电站 21 km 处的皇甫川,现回水已到达距电站 30 km 以上的河曲县巡镇地段。

天桥水电站上游万家寨峡谷河道比降达到 1.3‰,流速很大,不封河的峡谷河段成为大的造冰场,整个冬季冰凌不断产生、下泄。河曲县城下游的石窑卜处的黄河有一个大弯道,一旦弯道卡冰成功,冰盖会快速上延,到达河曲县城附近时由于流速加大促使冰花下潜,在冰盖下形成堆积,堵塞过流断面,产生冰塞壅水。因此,河曲河段基本上每年都会发生规模大小不等的冰塞现象。天桥水电站库区淤积也加剧了河曲河段冰凌灾害的发生,而且在开河前上游水库大流量泄水,冰块下移将直接威胁到天桥水电站自身安全。

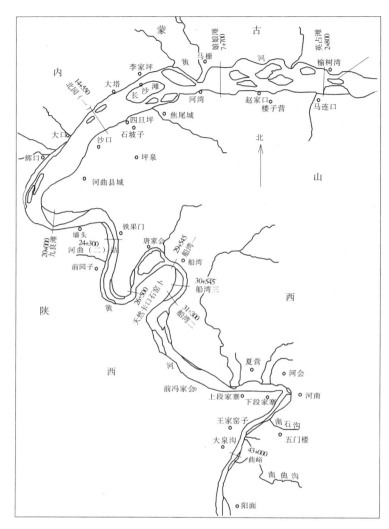

图 4-12　河曲河段河道示意图

　　目前,天桥水电站调节能力差,对来冰采取即来即排的方式,而且使用泄洪闸和骤减水位集中排冰,这种排冰方式若与寒潮同时发生,极易影响北干流下游河段的凌汛凌灾。

　　2.万家寨水库对天桥水电站的影响

　　万家寨水库运用后,来自内蒙古河段的冰凌被拦截于万家寨库区,减轻了天桥水电站的外来凌汛压力。万家寨水库的发电调峰和事故备用运用方式,使凌汛期下泄流量不稳定,流量变幅加大,大流量时有发生,有加剧河曲河段凌情,引发严重凌灾的可能,以1998～1999凌汛年度最为典型。1999年以后,为确保凌汛期河曲河段凌情相对稳定,在黄河防汛抗旱总指挥部办公室的协调下,经过万家寨水库和天桥电厂同山西电网、蒙西电网协商,初步形成凌汛期间万家寨水库发电机组同时运行台数不超过 4 台,控制水库泄量不超过 1 200 m^3/s,且要保持相对稳定的凌期水库调度原则,减少对河曲河段凌汛灾害的不利影响。

3. 龙口水库对天桥水电站的影响

龙口水库位于万家寨水库下游 25.6 km、天桥水库上游 70 km 处,2009 年蓄水运行。工程主要任务是发电和对万家寨电站调峰流量进行反调节,其中 1 台 20 MW 小机组发电可确保黄河中游流量不低于 60 m³/s。

龙口水库运行拦蓄了万家寨坝下至龙口大坝 25.6 km 黄河峡谷河道的冰凌,对万家寨水库发电调峰的不稳定下泄流量进行反调节,能起到减轻河曲—天桥河段乃至北干流凌情的作用。但是,当前龙口水电站凌汛期仍有调峰运行,还需要进一步优化调度,应最大限度地减少对下游凌汛的不利影响。

4.4.2.3 河道淤积对冰凌的影响

黄河从龙门站下游约 1.5 km 的禹门口卡口出山陕峡谷区间,进入小北干流,河道骤然展宽,由约 130 m 展宽到 3 000 m 左右,河道流速减小,输沙能力降低,水流中挟带的泥沙沿程淤积。小北干流河段属于强烈堆积游荡型河道,河道宽浅,水流散乱,沙洲密布,冲淤变化剧烈,其主流摆幅上段最大为 12 km,下段最大为 14 km,素有"三十年河东、三十年河西"之称,小水走槽、大水漫滩,是该河段的水流特征。

1986 年以来,龙门站水沙量明显减少,导致小北干流河段发生累积性淤积,1998 年累积性淤积量达到最大,1986 ~ 1998 年河段共淤积泥沙 7.025 亿 m³。1998 ~ 2002 年基本冲淤平衡,累积性淤积趋势得到遏制,2003 年以后以冲刷为主。1999 ~ 2008 年共冲刷泥沙 1.8 亿 m³,1986 ~ 2008 年黄河小北干流河段总淤积量为 5.2 亿 m³。

河道淤积导致小北干流河段河床抬高,1986 年汛后至 1998 年汛后各河段河床抬升均值为 0.71 ~ 1.46 m,进口河段黄淤 64 ~ 黄淤 68 抬升值最大。1998 年以后随着河道冲刷,河床高程又有所下降,1986 ~ 2008 年各河段累计抬升值为 0.51 ~ 1.15 m[25]。

1986 年以来,干流龙门站洪水的频次和量级均明显减小,龙门站大于 10 000 m³/s 的洪水流量仅 2 次(1994 年 8 月 5 日和 1996 年 8 月 10 日),潼关站大于 5 000 m³/s 的洪峰流量仅 6 次。由于水沙条件的改变,使黄河小北干流和渭河下游河道严重萎缩,主槽过洪能力减小。

河道淤积造成冰凌下泄不畅,易形成冰塞、冰坝。1977 年以前凌灾较少,主要原因是每隔几年河道就发生"揭河底"冲刷,形成槽深滩高的河道形态,有利于流凌。1977 年以来,由于黄河小北干流河段来水偏枯,一直未发生"揭河底"冲刷,河床淤积严重,河道萎缩,河道输冰能力差,不利于流凌,冰块难以顺利下泄,容易形成卡冰结坝等。近十多年来,小北干流严重凌汛频发,与小北干流河道淤积有着一定的相关。

4.4.3　来水来冰情况

4.4.3.1　来冰情况分析

万家寨、龙口水库建成运用后,凌汛期宁蒙河段下泄的冰凌被万家寨水库拦截,万家寨—龙口河段产冰不再下泄,使得河曲河段的冰凌压力明显减轻。但龙口以下河曲河段以及天桥以下的北干流河段在凌汛期仍然有较大的产冰能力。

万家寨—龙口河段属于河道比降比较大的峡谷段,流速很大,使得峡谷河段不易封河而成为大的造冰场,整个冬季冰凌不断产生、下泄。龙口水库未建之前,冰凌堆积在天桥库区,或通过天桥水电站,采取即来即排的方式排冰,进入北干流;龙口水库建成之后,全部拦蓄在龙口水库内。

龙口—天桥之间,由于特殊的河道与地理条件,年年结冰封河,随着万家寨、龙口水库的建成运用,该河段开始流凌时间与首封时间均推迟,封河长度减小,封河时间缩短,冰凌厚度变薄,储冰量减少。

天桥以下至禹门口是黄河干流上最长的一段连续峡谷,由于河道断面小,比降大,水力作用强烈,一般不封冻,冬季寒冷时期冰凌不断产生,是一个巨大的造冰场。

总之,黄河大北干流河段是黄河上最长的峡谷段,流向自北向南,河道比降较大,天桥以下河段,一般不封河。但是,受气温变化影响,冬季常出现流凌和岸冰,如遇特殊的气象和水流条件,可能会成为一个天然的河道造冰场,冰凌在输送的过程中,在不利边界条件下的河段处,容易卡冰堆冰,形成壅水,造成凌灾。

4.4.3.2 河道流量减少对冰凌产生不利影响

近十多年来,由于上游凌汛期来水量减少,进入北干流河道的流量明显减小,较低流量天数增加。河道流量减小,流速降低,河道易出现流冰,且使河道中冰块不能顺利输向下游,从岸边逐渐向河中堆积,容易形成大量的流冰遇浅堆积或在窄深水域卡冰堵塞。2000年、2003年和2009年凌汛期流量小,三年均出现较严重凌情。

4.4.3.3 万家寨水库运用使河道流量日际、日内变幅增大

1. 万家寨水库凌汛期运用方式

万家寨水库凌汛期运用方式是根据内蒙古河段凌情发展情况,以水库水位控制为主。一般情况下,在流凌及初封期—稳封期—开河期—畅流期的库水位,分别采取较低—较高—低—高的运用方式。

在内蒙古河段封河发展期,万家寨水库降低库水位,防止库尾形成冰塞;稳定封河期,库水位提高;开河期,进一步降低库水位,一般按控制不超过970 m运行,保证冰凌顺畅入库,以防形成冰坝;遇严重凌情时,随时降低水位;凌汛结束后,库水位抬高,转入兴利发电运行。

2. 水库调峰发电,下泄流量日际、日内变幅增大

万家寨水库运用以后,水库电站调峰发电,使北干流河道流量日际、日内变幅增大,电力低负荷发电泄流不到200 m³/s,电力高负荷时泄流可达1 000 m³/s以上。若遇电网事故调用机组发电,流量变幅更大,如2010年1月9日停机不发电时,坝下几乎断流,电网事故调用时最大达1 500 m³/s。

流量是影响河道冰情的动力条件,决定河段的输冰能力。流量的变化会使河段的输冰能力发生变化。一定的流量或一定程度的流量变幅会塑造与之相应的河道输冰能力,形成相对稳定的冰情形势。当流量或流量变幅发生变化时,会对河道的输冰能力进行调整,形成新的相对稳定的冰情形势。这种调整过程,如果过于激烈,就会形成凌情灾害。

万家寨电站6台发电机组,内蒙古和山西各拥有3台,承担电网调峰和事故备用发电任务。凌汛期正常情况下,早高峰(08:30~11:30)的3 h左右、晚高峰(17:30~22:00)的4.5 h左右,机组流量按270 m³/s、最大流量按300 m³/s计,根据入库流量大小安排机组调峰发电方式见表4-8。

表 4-8　不同入库流量万家寨水库机组发电安排方式及水库运行情况

入库流量（m³/s）	早峰机组（台）	晚峰机组（台）	库水位变化趋势	下泄最大流量（m³/s）
140	1	2	略涨	600
160	2	2	略降	
180	2	2	涨	
200	3	2	略降	900
220	2	3	略涨	
240	3	3	降	
260	3	3	略涨	
280	4	3	略降	1 200
300	4	3	涨	
320	4	4	降	
340	4	4	略涨	
360	5	4	略降	1 500
380	5	4	略涨	
400	5	5	降	
420	5	5	略降	
440	6	5	降	1 800
460	6	5	涨	
480	6	6	降	
500	6	6	略降	
520	6	6	涨	
540	6	6	涨	

由表 4-8 可以看出,当入库流量低于 200 m³/s 时,需 2 台机组同时运行,可以控制出库流量不超过 600 m³/s;当入库流量在 200～260 m³/s 时,需 3 台机组同时运行,可以控制出库流量不超过 900 m³/s;当入库流量为 280～340 m³/s 时,需 4 台机组同时运行,可以控制出库流量不超过 1 200 m³/s;当入库流量为 360～420 m³/s 时,需 5 台机组同时运行,可以控制出库流量不超过 1 500 m³/s;当入库流量为 440～500 m³/s 时,需 6 台机组同时运行,可以控制出库流量不超过 1 800 m³/s;当入库流量大于 500 m³/s 以后,6 台机组同时调峰运行,水库水位会持续上涨。

对于万家寨这样的事故备用和调峰发电水库,正常情况下,入库流量决定机组发电运行方式和出库流量的变幅大小。凌汛期,黄河内蒙古河道封河时,头道拐流量会急剧降低到低于 200 m³/s,随后有一个流量恢复过程。从表 4-8 可以知道,在头道拐流量恢复过程中,随着流量的增大,万家寨水库即使在没有遭遇内蒙古或山西电网发生事故的情况下,其出库流量变幅也会出现从 $600 \sim 900 \ m^3/s$、$900 \sim 1200 \ m^3/s$ 两个跳跃变化。当入库流量达到 $340 \ m^3/s$ 以上时,根据 1999 年以后确定的凌汛期万家寨水库下泄流量不能超过 $1200 \ m^3/s$ 的水库调度原则,在电网不遭遇事故的情况下,万家寨水库发电机组会调整为部分带基荷、部分带峰荷的混合发电方式。也就是说,每年凌汛期间,黄河北干流河道不仅会遭遇因电网事故调用万家寨水库机组应急发电引起的河道流量剧烈变化外,还会遭遇因万家寨调峰发电引起的两次水流动力条件的跳跃变化,北干流河道凌情也会随之出现调整。在出现极端低气温或气温大幅度突变的凌汛年度,遭遇到这种流量调整,在河道条件比较恶劣的河段会加剧凌情或发生冰凌灾害。

可见,万家寨水库建成后,水库下泄流量变幅波动大,在一定程度上加重了北干流河道凌情,从而引发了凌情灾害。

4.4.4 龙口水电站的运用

龙口水电站安装 4 台 100 MW 机组和 1 台 20 MW 机组。凌汛期 100 MW 机组发电流量约为 $335 \ m^3/s$,最大流量为 $365 \ m^3/s$;20 MW 机组发电流量约为 $65 \ m^3/s$,最大流量为 $75 \ m^3/s$。设计 100 MW 机组参与系统发电调峰,20 MW 机组发电确保黄河龙口至天桥区间不断流。按照设计,对应不同入库流量,龙口水库发电机组最可能的运行方式见表 4-9。

表 4-9　不同入库流量龙口水库机组发电安排方式及水库运行情况

入库流量 (m^3/s)	20 MW 机组	100 MW 机组 早峰(台)	100 MW 机组 晚峰(台)	库水位变化 趋势	下泄最大流量 (m^3/s)
140	全天运行		1	涨	440
160	全天运行	1	1	略降	
180	全天运行	1	1	略涨	
200	全天运行	2	1	略降	795
220	全天运行	2	1	略涨	
240	全天运行	1	2	略涨	
260	全天运行	2	2	降	
280	全天运行	2	2	略涨	
300	全天运行	2	2	涨	
320	全天运行	3	2	略涨	1 170
340	全天运行	2	3	略涨	
360	全天运行	3	3	降	
380	全天运行	3	3	略涨	
400	全天运行	3	3	涨	

入库流量 （m³/s）	20 MW 机组	100 MW 机组 早峰（台）	100 MW 机组 晚峰（台）	库水位变化 趋势	下泄最大流量 （m³/s）
420	全天运行	4	3	略降	
440	全天运行	3	4	略降	
460	全天运行	3	4	涨	1 535
480	全天运行	4	4	略降	
500	全天运行	4	4	涨	
520	全天运行	4	4	涨	

由表 4-9 可以看出,龙口水库发电机组设计运行方式对万家寨水库发电调峰下泄不稳定流量的反调节,不仅体现在 20 MW 机组全天候运行能够确保龙口—天桥区间河道流量不会低于 60 m³/s,还体现在头道拐入库流量 400 m³/s 以内时,万家寨水库下泄流量变幅近 1 500 m³/s,龙口水库下泄流量变幅约 1 100 m³/s(60～1 170 m³/s)。龙口水库的反调节作用是很明显的。

黄河防汛抗旱总指挥部要求龙口水库凌汛期的调度原则为,发电机组退出调峰运行方式保持下泄流量相对平稳,这样可以使黄河北干流凌情相对稳定。目前龙口水电站的调度安排为,当头道拐流量低于 300 m³/s 时,龙口安排一大一小机组运行,可控制出库流量为 60～440 m³/s;当头道拐流量高于 300～400 m³/s 时,安排两大一小机组运行,可控制出库流量为 60～800 m³/s;当头道拐流量高于 400 m³/s 时,安排三大一小机组运行,可控制出库流量为 60～1 170 m³/s。在龙口水库调度实践过程中,凌汛期间一直遵循河曲天桥河段未开河之前禁止四台大机组同时运行的约定。由此可见,凌汛期间,即使加强调度控制,由于头道拐入库流量的变化,龙口水库下泄流量仍会出现从 440～795 m³/s、795～1 170 m³/s 两个跳跃变化;如果不作为电网事故备用,不参与电网调峰,龙口水库的发电下泄流量就可以控制在 1 170 m³/s 以内。

虽然龙口水电站在一定程度上改善了万家寨水库出库流量的不均匀现象,但是流量变幅仍然很大。由于黄河北干流河段长,凌汛情况十分复杂,影响因素较多,对万家寨、龙口等水库的防凌调度要求较高。所以,还需要在今后的黄河防凌调度过程中,对龙口等水库的防凌运用方式进行进一步优化与完善。

4.5 北干流典型年凌灾分析

万家寨水利枢纽建成运用后,北干流河段多次发生了较为严重的凌汛灾害,比较典型的有 1999～2000 年度、2008～2009 年度和 2009～2010 年度形成的凌灾。本节对这三个年度发生的凌灾进行详细剖析,查明致灾成因。

4.5.1 1999～2000 年度北干流凌灾

4.5.1.1 凌灾简述

本次凌灾始发于 2000 年 2 月 7 日晚,禹门口下游 10 km 处的河津大裹头先封后塞,小石嘴工程坝前壅冰壅水,水位上涨。8 日 8 时 40 分,水位涨至 379.4 m,距河道工程坝顶仅 0.5 m;10 时 40 分,小石嘴改建工程上段 500 m 水位达 380.15 m,超过坝顶 0.2 m,上段 1 号坝至 5 号坝间 500 m 发生漫顶,其水位相当于龙门站 16 000 m³/s 的洪水位,而此时龙门站日均流量仅 442 m³/s。

9 日凌晨,河道封塞长度达 8 km,清涧湾开始堆冰,水位上涨。10 时,清涧湾工程中上段水位涨至 382.83 m,几乎与坝顶(高程 382.89 m)齐平,较 8 日水位上涨了 1.1 m。11 时,水位涨至 383.23 m,水位超出坝顶 34 cm,8 号坝至 9 号坝开始漫溢。至 12 时,5 号坝至 9 号坝约 900 m 全线漫顶,坝前壅冰超出坝面 1 m 左右,背水坡 5～7 m 宽的冲沟多达 20 余处。15 时,漫顶长度达 1 950 m,虽然已加做子埝 900 m,但由于水位居高不下,5 号坝至 9 号坝面漫水不断增加;15 时 35 分,8 号坝至 9 号坝之间的 5+400 处漫顶决口,口门宽从 5 m 扩展到 62 m,水深由 2 m 刷深到 5 m,口门过流在 100 m³/s 左右,坝后滩区进水。

10 日河道封塞延伸到禹门口,从禹门口到汾河口工程大裹头约 50 km² 的河道,形成了一个巨大的"冰库",9 时,随着冰塞不断上升,禹门口工程 1+500 至 1+574 又发生短时漫顶。10 日 11 时清涧湾部分坝段出现溢流。由于堆冰壅水,造成河道工程决口长度 62 m,致使淹没滩地 667 hm²,围困山西铝厂水源井和当地井 60 余眼以及电力线路设备等,直接经济损失达 3 000 万元。

4.5.1.2 致灾成因分析

1.北干流河道流量分析

1999 年 12 月上旬黄河内蒙古河段封冻以后,北干流河曲、府谷、吴堡和龙门 4 站日流量迅速减少,受万家寨蓄水运用下泄流量小影响,2000 年 1 月河道流量维持在较低水平,流量过程整体波动幅度不大,见图 4-13。

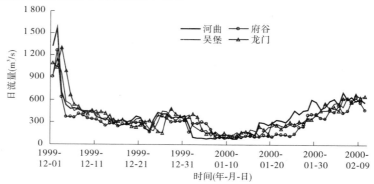

图 4-13 北干流 4 站日流量过程

本年度凌汛期头道拐站日均流量小于 300 m³/s 的天数近 40 d,受此影响,北干流小流量持续时间也较长。1月头道拐平均流量仅为266 m³/s,河曲、府谷、吴堡和龙门平均流量均在300 m³/s以下,分别为185 m³/s、229 m³/s、240 m³/s和293 m³/s,均为刘家峡水库运用以来的最小月平均流量。

1月河道流量与万家寨蓄水运用有关,万家寨水库的水位也高出黄河防汛抗旱总指挥部规定的凌汛期限制值3 m[9]。长时间较小的日均流量过程,容易沿河结冰流凌,并使北干流河道中冰块不能顺利输向下游,从岸边逐渐向河中堆积。据沿程观测,进入禹门口后,河道中流凌密度在10% ~60%,岸冰居多。

2.气温分析

2000年1月下旬,北干流气温大幅降低,万家寨1月22日最低气温为-8 ℃,25日则大幅降至-24 ℃(见图4-14),河曲1月22日日均气温为-5.9 ℃(见图4-15),25日则大幅降低到-19.5 ℃,下降了13.6 ℃,1月23~31日平均气温为-17.3 ℃。受此低温影响,晋陕峡谷内大面积结冰,壶口也出现历史罕见的封冻,龙门站上下河面均封冻。

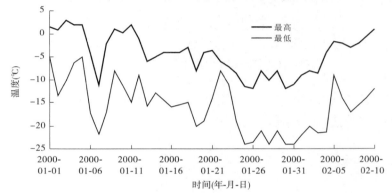

图4-14 万家寨最高气温、最低气温过程图

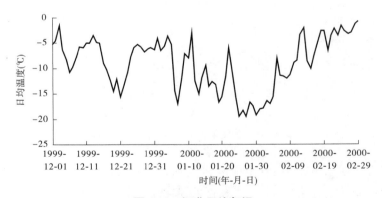

图4-15 河曲日均气温

2月4日后气温开始大幅回升,2月5日万家寨最高气温升至-1.7 ℃,最低气温由2月4日的-21.3 ℃猛升至-9 ℃,河曲日均气温由-15.6 ℃大幅上升到-8 ℃。受温度骤然升高影响,2月初晋陕峡谷冰块开始下泄,而2月5日后气温又有降温过程,万家寨2月7日最低气温降至-17 ℃,河津河段由2月7日最高气温7 ℃陡降至8日最低气温

-7.8 ℃,强烈降温使流出禹门口的冰块再次冻结,在小北干流上段形成冰塞,造成了严重凌汛。

3. 水库下泄流量过程分析

1999年12月初上游宁蒙河段封河后来水量迅速减少,万家寨库水位也随之下降,下泄流量有所减少,到2000年1月1日下降到最低点951.9 m,之后由于来水增加,水库开始蓄水运用,库水位也逐渐上升,2月6日库水位达到963.43 m,见图4-16。

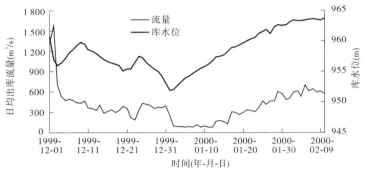

图4-16　万家寨8时库水位和日均出库流量

由于水库调峰发电,万家寨水库2月1~10日下泄流量过程不稳定,变幅较大,基本在400~1 200 m³/s之间大幅波动,见图4-17。

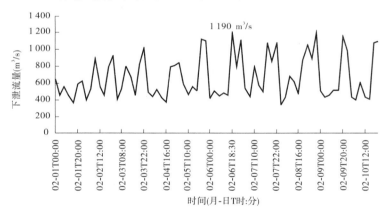

图4-17　万家寨水库下泄流量变化过程

2月上旬下泄流量变幅加剧,出库流量达到日平均650 m³/s以上,流量日内变化很大,从330 m³/s到1 100多 m³/s,2月6日18时30分出库流量达到1 190 m³/s。受此影响,2月8日吴堡日均流量为677 m³/s,2月9日龙门日均流量由前一天的441 m³/s上升到606 m³/s,晋陕峡谷大量冰块在大流量作用下倾泄而下,由于出禹门口后河道展宽,主流挟带冰块能力下降,致使禹门口至小石嘴一带长约10 km、宽约5 km的河道全部被冰块覆盖,在河津大裹头形成卡冰,并逐渐形成冰坝,壅冰抬高了水位,造成了该河段历史罕见的大凌汛。

4.成因综合分析

1999～2000年度来水流量偏小,河曲、府谷、吴堡和龙门站平均流量均在300 m³/s以下,均为刘家峡水库运用以来的最小流量,小流量过程长,影响冰凌的顺利下泄。

2月4日后气温开始大幅回升,晋陕峡谷一些冰块开始下泄,8日气温又急剧下降,一天之中气温急速下降了14.8 ℃,使沿河流冰密度再次加大,造成流出禹门口的冰块堆积冻结。与此同时,万家寨水库2月6日下泄最大流量达到1 190 m³/s,流量日变化幅度大,在此动力条件下,北干流河道流量大增,大量冰凌被冲到小北干流。

综上所述,本年度小北干流的严重凌汛是气温急剧变化、小流量时间长、河势宽浅散乱,以及万家寨水库短时间下泄流量过大共同造成的。

4.5.2　2008～2009年度北干流凌灾

4.5.2.1　凌灾简述

2009年1月17日23时5分至30分,黄河壶口景区突发凌汛灾害,从壶口瀑布下游0.8 km至壶口瀑布上游2.2 km处堆积冰凌达600万 m³左右,冰凌高出河床10余 m,山西侧高出沿河路面3～4 m,造成壶口至克难坡3 km旅游公路完全中断,壶口中心景区淹没。凌灾造成山西侧63户186人受灾,其中27户房屋进水进冰,无人员伤亡情况。壶口景区道路、供水等基础设施受损严重,水、路全部中断,陕西侧宜川壶口景区观瀑舫宾馆一楼餐厅、停车场和职工宿舍被淹,紧急撤离48人。

2009年1月18～19日,黄河小北干流河段桥南工程坝前发生壅冰,河道水位上升0.8 m左右,0号坝发生根石坍塌险情,桥南、榆林下延、华原等河道工程因冰凌水流顶冲发生根石、坦石、土胎坍塌等险情9次,出险长度376 m,损失土方1 050 m³、石方1 440 m³。

4.5.2.2　致灾原因分析

1.北干流河道流量分析

2008年12月上旬黄河内蒙古河段封冻以后,北干流河道流量迅速减少,在12月下旬达到最低,见图4-18。吴堡、龙门两站12月平均流量分别为287 m³/s、297 m³/s,分别比多年均值减少35%、39%,吴堡、龙门日最小流量分别仅为135 m³/s、131 m³/s。

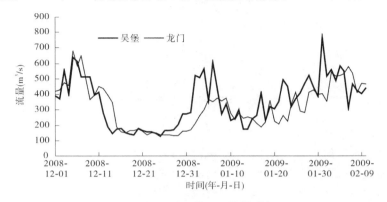

图4-18　吴堡、龙门日流量过程

2009年1月,受万家寨下泄流量加大的影响,北干流流量大幅上升,流量日际变幅也明显增大。1月6日吴堡日均流量达到610 m³/s,1月17日降低到411 m³/s,龙门1月7日上升到379 m³/s,之后流量又大幅减小到200 m³/s以下,1月19日再次增大到364 m³/s,在此期间北干流壶口瀑布和小北干流出现严重凌汛与凌灾。

2.气温分析

2008年12月下旬北干流气温显著下降,最高气温由0 ℃以上转为0 ℃以下,吴堡至潼关河段开始流凌,最大流凌密度为70%。12月下旬至1月上旬最高气温平均为－4 ℃,最低气温平均为－15.7 ℃。2009年1月13～16日北干流气温开始缓慢回升,但温度升高不多,17日万家寨温度突然升高,最高温度达2.8 ℃,达到了融冰温度,河道冰块出现融化,随水流向下游运移,在壶口瀑布和小北干流桥南工程处受阻发生壅冰。1月21日后又有一次急剧降温,但随后气温快速回升,直到开河(见图4-19、图4-20)。

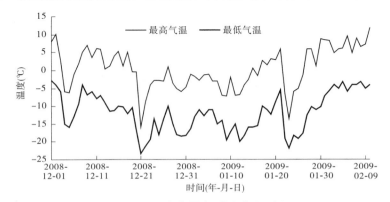

图4-19　万家寨最高、最低气温过程

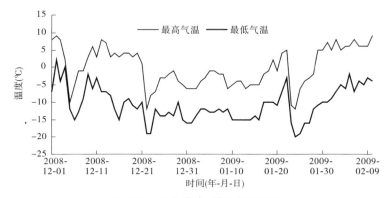

图4-20　河曲最高、最低气温过程

3.水库下泄流量过程分析

2008年12月下旬后,万家寨水库为蓄水运用,库水位一直呈上升趋势,到2009年1月18日达到975 m。万家寨出库流量过程非常不稳定,下泄流量日际变幅大,如1月2日的日均出库流量为404 m³/s,1月9日则只有170 m³/s,两者相差234 m³/s,见图4-21。

万家寨凌汛期出库流量日内、日际变幅大,2008年12月中下旬下泄流量均值为200

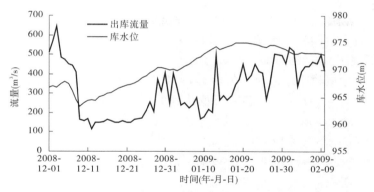

图 4-21　万家寨 8 时库水位和日均出库流量

m^3/s 左右,变幅为 $100 \sim 300$ m^3/s;2009 年 1 月上旬下泄流量和变幅明显增大到 $100 \sim 800$ m^3/s,波动幅度最大接近 $1\,000$ m^3/s;1 月 $9 \sim 12$ 日日均下泄流量为 200 m^3/s 左右,波动幅度变小,1 月 12 日日均下泄流量为 203 m^3/s,见图 4-22。1 月 13 日因电网事故调用万家寨机组发电运行,日均下泄流量达到 499 m^3/s,日内变幅剧烈,8 时 30 分为 215 m^3/s,18 时达到 $1\,320$ m^3/s,见图 4-23。在下泄流量的动力作用下,一些河道冰面被冲开,大量冰块被冲入下游河道。1 月 17 日 23 时,山西省吉县壶口风景区河段和小北干流桥南河段形成冰坝壅水,可见这次万家寨的突发下泄大流量对该次凌灾有明显影响。

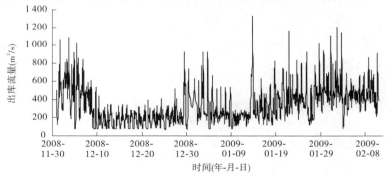

图 4-22　$2008 \sim 2009$ 年度万家寨水库下泄流量过程

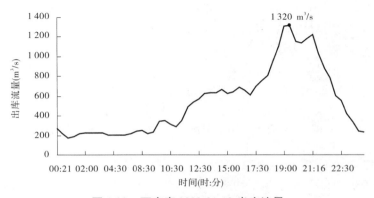

图 4-23　万家寨 2009-01-13 出库流量

4.成因综合分析

2009年1月13日北干流气温开始缓慢回升,17日气温升幅较大,万家寨最高温度为2.8 ℃,达到了融冰温度,河道部分冰块融化。

1月13日万家寨机组事故调用发电运行,日均下泄流量翻倍增加,由前一日的203 m³/s加大到499 m³/s,18时下泄流量峰值达到1 320 m³/s。在大流量的强动力作用下,河道大量冰块被冲入下游,突袭而至的大量冰凌在壶口瀑布和小北干流桥南工程处受阻,发生严重壅冰,河床抬高,水位漫滩,造成严重凌汛灾害。

总之,万家寨水库2009年1月13日的下泄流量陡增和17日的气温突增是造成此次凌灾的主要因素之一。

4.5.3　2009～2010年度北干流凌灾

4.5.3.1　凌灾过程

2010年1月以来,受持续低温影响,河津禹门口至汾河入黄口段河槽发生封冻,加上黄河小北干流河道淤积严重,引起上游下泄冰凌在河道搁浅,约60 km²的河道堆积了大量冰凌。

从1月12日开始,由于冰凌下泄不畅,黄河小北干流河津段水位迅速壅高,清涧湾调弯下延工程回淤口发生坝顶漫溢险情、庙前工程17～18号坝发生坦石坍塌险情,造成不同程度的损毁。16日中午,该河段下泄冰凌再次堆积,冰凌洪水倒灌并淹没林地约133 hm²;当日下午,小石嘴至大裹头之间防汛道路再次发生漫溢;到18日,险情继续扩大,部分路段再次出现漫溢、渗水等现象。

4.5.3.2　致灾原因分析

1.北干流河道流量分析

受万家寨水库下泄流量影响,整个凌汛期日均流量过程变幅较大,流量过程出现多个峰值,见图4-24,河曲、龙门站日际流量变幅平均分别为94 m³/s、72 m³/s。

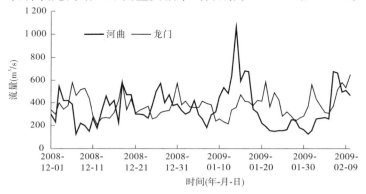

图4-24　2009～2010年度河曲、龙门日均流量过程线

2009年12月1日至2010年2月10日,河曲、龙门两站平均流量分别为357 m³/s、379 m³/s,较1986～2010年多年平均减少20 m³/s、79 m³/s,属于来水偏少的年度。本年度1月中旬北干流流量过程发生明显异常,河曲1月14日日均流量由前日的635 m³/s突

然大幅上升到 1 060 m³/s,龙门在 1 月 16 日出现 472 m³/s 的大流量,与此同时,在小北干流小石嘴河段出现险情。

2. 气温分析

自 2009 年 12 月中旬,北干流气温开始明显下降,到 2010 年 1 月 10 日期间,河曲最高气温基本在 0 ℃ 以下,最低气温在 - 10 ℃ 以下。1 月 11 日后,气温突然大幅降低,到 1 月14 日最高气温仅 - 7 ℃,最低气温达到 - 23 ℃,见图 4-25、图 4-26。受持续低温影响,禹门口至汾河入黄口段河槽发生封冻,由于河道淤积严重,引起上游下泄冰凌在河道搁浅,河道淤积了大量冰凌。

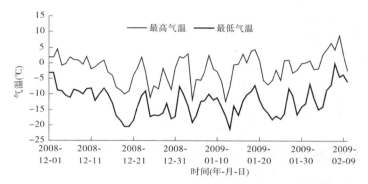

图 4-25 万家寨 2009 年 12 月 1 日至 2010 年 2 月 10 日最高气温、最低气温过程

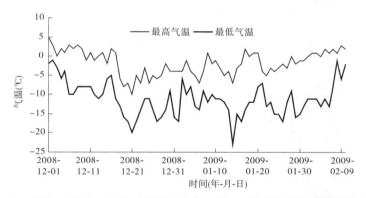

图 4-26 河曲 2009 年 12 月 1 日至 2010 年 2 月 10 日最高气温、最低气温过程

3. 水库下泄流量过程分析

2009 ~ 2010 年度凌汛期万家寨库水位和出库流量过程变化都很明显,自 2009 年 12 月上旬水库蓄水运用,库水位上升,到 12 月 25 日库水位达到最高,为 972.6 m。之后水库增大下泄流量,库水位一直下降,到 2010 年 1 月 16 日,库水位下降到 965.6 m,见图 4-27。

受水库调峰发电影响,水库出库流量日内、日际变幅很大,出库流量在 6 ~ 1 530 m³/s 剧烈变化。1 月 12 日 8 时万家寨出库流量为 6 m³/s,17 时后出库流量突然大幅增加,18 时达到 1 010 m³/s,1 月 13 日 9 时达到 1 230 m³/s,见图 4-28。龙口水库对万家寨水库的出库流量虽然有调节作用,但仍然变幅较大,出库流量对河道凌情造成了一定影响。

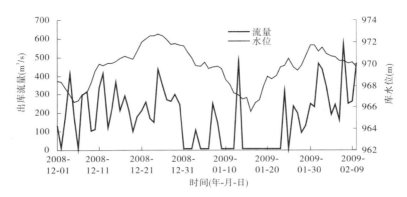

图 4-27　万家寨 8 时库水位和出库流量图

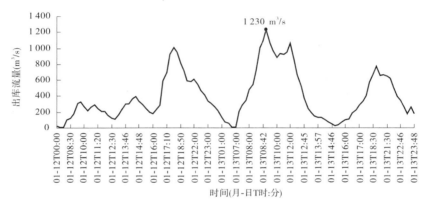

图 4-28　万家寨出库流量过程

受万家寨下泄流量变化的影响,下游河道流量大增,河曲 1 月 14 日的日均流量由前日的 635 m^3/s 突然上升到 1 060 m^3/s,龙门在 1 月 16 日出现 472 m^3/s 的大流量,大量冰凌随水流下移,在小北干流禹门口堆积,形成严重凌汛。

4.5.3.3　龙口水库运用

2009 年 9 月,龙口水库投入运行,图 4-29 为万家寨、龙口水库 2010 年 1 月 1 ～ 20 日出库流量过程。由图可以看出,龙口水库对万家寨出库日最大流量的反调节作用非常明显,1 月 14 日前,万家寨水库出库日最大流量变幅较大,经龙口水库调节后,出库流量日最大值日际变化相对平稳。可是 1 月 14 日以后,龙口出库日最大流量变幅也较大。

由图 4-29 也可以看出,对于出库流量的日内变幅,龙口水库对万家寨水库虽有明显的反调节作用,变幅减小了不少,但仍然较大,还应进一步优化。

表 4-10 计算了龙口水库对万家寨水库 2010 年 1 月 1 ～ 20 日出库流量过程的反调节程度。由表 4-10 可见,龙口水库对万家寨日均出库流量基本没有调节作用,但对最大流量的降低幅度达到 40% 以上,调节作用相当明显。1 月 13 日,万家寨水库下泄流量均值为 384 m^3/s,最大流量为 1 230 m^3/s;龙口水库下泄流量均值为 436 m^3/s,最大流量为 815 m^3/s。可见龙口水库将万家寨水库的出库流量过程调整得比较均匀,削减最大流量的 34% 以上,削峰作用显著。

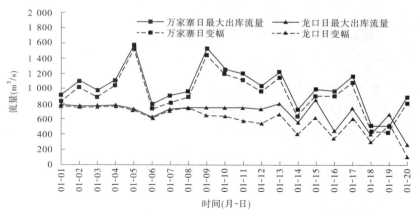

图 4-29　万家寨、龙口水库 2010 年 1 月 1～20 日出库流量过程

表 4-10　龙口水库反调节程度计算

时段 （月-日）	项目	万家寨日均流量 （m³/s）	龙口日均流量 （m³/s）	万家寨瞬时值 （m³/s）	龙口瞬时值 （m³/s）
01-01～01-20	最大值	465	492	1 570	868
	最小值	123	136	509	272

图 4-30 为 2010 年 1 月 1～20 日龙口水库 5 min 出库流量过程,由图可以看出,龙口水库出库流量过程日内变化、日际变幅也较大,1 月 15 日出现最大出库流量。

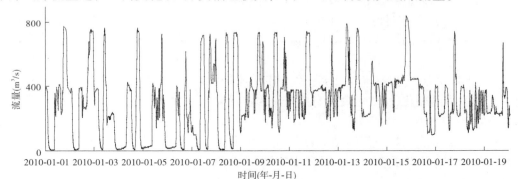

图 4-30　龙口水库 2010 年 1 月 1～20 日 5 min 出库流量过程

4.5.3.4　成因综合分析

2010 年 1 月中旬,小北干流气温急剧下降,受降温影响,1 月 14 日小北干流小石嘴河段封河。受持续低温影响,禹门口至汾河入黄口段河槽发生封冻,加上黄河小北干流河道淤积严重,引起上游下泄冰凌在河道搁浅,河道淤积了大量冰凌。

1 月 12 日 5 时后,万家寨水库下泄流量变幅加大。1 月 12 日 8 时流量为 6 m³/s,17 时后,出库流量突然大幅增加,18 时达到 1 010 m³/s,1 月 13 日 9 时,达到 1 230 m³/s。经过龙口水电站调蓄后,出库发电流量的月内变化和月际变幅虽有减小,但仍然偏大。受此影响,水库下游河道流量大增,河曲站 1 月 14 日日均流量由前日的 635 m³/s 突然上升到

1 060 m³/s,龙门站 14 日日均流量从前两天 230 m³/s 左右增加为 472 m³/s 的大流量,14 日 17 时 15 分最大流量达 622 m³/s,河道冰面被冲开,大量冰凌被冲到小北干流禹门口河段,由于小北干流河道宽浅散乱,引起上游下泄冰凌在河道搁浅,约 60 km² 的河道淤积了大量冰凌,冰堆最高达 2 m。受此影响,河道工程坝前水位急剧抬升,最大涨幅 1.5 m,清涧湾调弯下延工程出现漫溢险情,防洪工程受损。

可见,1 月 12 ~ 13 日万家寨水库突然增大的下泄流量与 1 月 14 日气温骤降遭遇,在北干流禹门口河段河道条件不利的背景下,这几个因素共同造成了本次严重的凌灾。

4.6 小结与建议

4.6.1 小 结

4.6.1.1 万家寨水库建库后出入库流量变化

万家寨水库运用后,凌汛期宁蒙河道封河后头道拐站 12 月流量迅速减少,1 月流量相对稳定;水库出库流量过程整体趋势与入库流量过程基本一致,但流量过程波动较大,呈锯齿状变化,日际变幅明显增大。万家寨水库运用以来,12 月 1 日至翌年 2 月 10 日入库站头道拐日际流量变幅平均为 16 m³/s,而出库流量日际变幅平均达到 64 m³/s,两者相差 48 m³/s。

4.6.1.2 万家寨建库前后北干流河道流量变化

(1)1986 ~ 1998 年北干流凌汛期河曲流量过程日际变幅较小,1986 ~ 1997 年间 12 月 1 日至翌年 2 月 10 日日际变幅平均值为 24 m³/s,经过天桥水电站后,日际流量变幅增大,府谷、吴堡和龙门站日际变幅平均值分别为 43 m³/s、40 m³/s 和 46 m³/s,龙门站变幅最大。

(2)万家寨水库 1998 年运用后,受水库下泄过程控制,北干流河道凌汛期流量过程发生了较明显的变化,主要表现在日流量过程波动幅度较建库前明显增大,呈更加明显锯齿状变化。

在北干流诸水文站中河曲站流量日际变幅最大,1998 ~ 1999 年度至 2009 ~ 2010 年度流量日际变幅平均为 59 m³/s,较建库前增加 35 m³/s,府谷、吴堡、龙门站流量日际变幅分别较建库前增加 20 m³/s、30 m³/s 和 15 m³/s,表明随着与万家寨水库距离的增大,影响减弱。将河曲、府谷站 2000 年以来流量作对比分析,两者差别不大,反映天桥水电站对河道流量的影响相对减弱。

(3)20 世纪 90 年代以来,上游头道拐来水量呈显著下降变化趋势,北干流河道水量变化与上游来水量变化一致,均呈相似的下降趋势。

头道拐 1986 ~ 1987 年度至 1997 ~ 1998 年度平均流量为 455.09 m³/s,1998 ~ 1999 年度至 2009 ~ 2010 年度较前者减少了 26%;河曲、府谷、吴堡和龙门站流量减少幅度与头道拐基本相当。

(4)近十几年来凌汛期北干流河道流量呈明显减小趋势,河道小流量过程明显延长,小流量持续天数明显增加。

1999 年以前,12 月 1 日至翌年 2 月 10 日日流量小于 300 m^3/s 的天数较少,头道拐站平均为 12 d,北干流各站为 8 ~ 21 d,呈沿程减少的趋势,这与区间支流水量加入有关。

万家寨建库后的 10 年,北干流小于 300 m^3/s 的天数显著增加,头道拐站大幅增加到 34 d,经万家寨水库调节后到河曲站增加到 38 d,经天桥水电站到府谷也为 38 d,到吴堡、龙门站均为 28 d。可见,北干流小流量天数主要与头道拐小流量天数相关。

4.6.1.3 万家寨建库前后北干流凌情变化

(1)北干流凌情较严重的河段主要有河曲河段和小北干流河段。1977 年以前的河曲河段属于自然河段,流凌、封冻、开河各个过程完全取决于自然因素,一般年份河段不封冻,很少发生凌灾。1977 年天桥水电站投入运用,改变了河曲河段河道的天然水流,致使冰凌特性发生了变化,基本上年年封河,流凌封河时期均较建库前提前,封冻天数增加,封河距离延长。

(2)万家寨水库建成运用后,来自内蒙古河段的冰凌大部被拦截于万家寨库区,减轻了本河段的外来凌汛压力;在封河期,大坝底孔泄流水温提高,致使河曲河段的初封日期、稳封日期明显推迟,封河历时缩短,封河长度减小,相应的冰期储冰量也有所减小。

万家寨水库如果运用不当也会带来不利影响。受万家寨水库下泄流量的控制,下游河道流量变幅明显增大,凌汛突发的可能性增强。由于北干流河段河道在凌期仍具有较大产冰能力,万家寨水库如突然大幅度增加泄流量,大量冰块在强大动力作用下运移到北干流,在特殊河道条件下极易形成卡冰结坝,产生严重的凌灾。

(3)黄河小北干流地理位置、河流流向以及一般气候都有利于缓解凌情,但特殊的河道特性、河床条件对流冰极为不利,当遇寒流或气温突然升高和上游来冰较多时,发生凌灾的可能性非常大。1977 年以前小北干流较少发生凌灾,主要原因是每隔几年河道就发生"揭河底"冲刷,形成滩高槽深的河道形态较有利于流凌。

1977 年以来,特别是龙刘水库运用之后,小北干流河段来水偏枯,一直未发生"揭河底"冲刷,河床淤积严重,主槽行洪能力下降,河道输冰能力差,不利于流凌,加上黄河出禹门口后,河道突然展宽,河床宽浅散乱,造成小北干流河段封冻概率增大。河道的淤积使上游流凌、冰块难以顺利下泄,容易形成冰塞、冰坝等。壶口附近河段,由于瀑布跌水,河床边界突变,上游大量流冰至此,也极易出现堆冰成灾。

(4)万家寨、龙口水库运用,给北干流河道凌情带来不利影响。入库流量决定万家寨、龙口水库的调峰发电运行方式。凌汛期,由于黄河内蒙古河道封河时头道拐流量会急剧降低到 200 m^3/s 以下,随后流量逐渐恢复,万家寨出库流量变幅会出现 600 ~ 900 m^3/s、900 ~ 1 200 m^3/s 两个跳跃变化,如果电网遭遇事故调用万家寨水库发电,则万家寨出库流量变化更具突发性;龙口水库如果不作为电网事故备用,不参与电网调峰,其下泄流量会出现从 400 ~ 800 m^3/s、800 ~ 1 170 m^3/s 两个跳跃变化,在河道条件比较恶劣的河段,若遭遇气温突变,极易发生冰凌灾害。龙口水库运用后,发电下泄流量可控制在 1 170 m^3/s 以内,能对万家寨出库流量起到反调节作用,黄河北干流河道凌情将会有所缓解。

4.6.1.4 北干流凌情变化影响因素分析

(1)北干流发生的凌汛与气温、河道形态、河道流量、上游来冰量以及水库运用等因素密切相关。

气温是影响北干流冰情变化的重要热力因素,气温下降,河道流冰增加,冰层加厚,在狭窄河段易发生卡冰现象,形成冰塞、冰坝,因此寒流是北干流凌汛致灾的重要原因,北干流发生的凌灾大多都遭遇到寒流侵袭。同时,开河期气温突然升高,产生大量流冰,如遇上游来水激增,同样会形成严重凌灾。

(2)河道形态是产生冰凌阻塞的边界条件,北干流河曲河段和小北干流易形成严重凌汛或凌灾,与这两个河段特殊的河道形态密切相关。

河道淤积对造成小北干流严重凌汛灾害有一定影响。1977年以前小北干流凌灾较少,主要原因是每隔几年河道就发生"揭河底"冲刷,形成滩高槽深有利于流凌。1977年以来,由于黄河小北干流河段来水偏枯,一直未发生"揭河底"冲刷,河床淤积严重,加上近十年来北干流河道流量显著减少,河道输冰能力变差,在特殊河道条件下容易形成卡冰结坝等。

(3)1977年天桥水电站投入运用,改变了河曲河段河道的天然水流,致使冰凌特性发生了变化,基本上年年封河。由于库区水面坡降变缓,流速降低,大量冰花滞留库区,敞流河段变为封冻河段,天桥大坝造成的径流条件改变,使原来的石窟卜天然起封点下移至天桥大坝,并上溯延伸,以致河曲河段冰塞、冰坝现象频繁出现。

目前,天桥水电站有效库容仅为 1 400 万 m³,库区淤积量已达总库容的80%,天桥水电站对冰凌已基本上没有调节作用,对来冰采取即来即排的方式,而且使用泄洪闸和骤减水位集中排冰,这种排冰方式若与寒潮同时发生,极易使小北干流发生凌灾。

(4)万家寨、龙口水库建成运用后,凌汛期宁蒙河段下泄的冰凌被万家寨水库拦截,使得河曲河段的冰凌压力明显减轻。但天桥至禹门口峡谷河段不易封河而成为大的造冰场,成为小北干流冰量的主要来源,其来冰量与集中度对北干流凌情影响重大。

(5)近十年来,由于上游凌汛期来水量减少,北干流河道流量明显减小,小流量天数大幅增加。河道流量减小,流速降低,每遇低温天气,极易形成冰凌;同时水流动力较小,使河道冰凌不能顺利输向下游,容易形成大量的流冰遇浅堆积或在窄深水域卡冰堵塞。

(6)万家寨水库运用,入库流量决定万家寨水库调峰发电运行方式。凌汛期,由于黄河内蒙古河道封河时头道拐流量会急剧降低到 200 m³/s 以下,随后流量逐渐恢复。万家寨出库流量变幅必会出现从 600 ~ 900 m³/s、900 ~ 1 200 m³/s 两个跳跃变化;如果电网遭遇事故调用万家寨水库发电,则出库流量变化更具突发性。当突发的大泄流量遭遇气温急剧变化极易形成严重凌灾。如 1999 ~ 2000 年度和 2009 ~ 2010 年度凌灾是气温骤降封河,遭遇万家寨水库大的下泄流量而造成的;2008 ~ 2009 年度则是气温急剧升高,产生大量流冰,遭遇万家寨大的下泄流量造成的。

(7)龙口水库运用之后,如果不作为电网事故备用,不参与电网调峰,凌汛期间,由于受头道拐入库流量的变化,龙口水库下泄流量会出现从 400 ~ 800 m³/s、800 ~ 1 170 m³/s 两个跳跃变化;龙口水库的发电下泄流量能控制在 1 170 m³/s 以内。这种出库流量的变化幅度,较龙口水库运用之前已有较大改善,黄河北干流河道凌情可能将有所缓解。

4.6.2 建 议

万家寨水利枢纽建成后,其泄流调度方式已成为北干流河段冰期安全与否的关键因素。因此,北干流河道对万家寨水库、龙口水库凌期运用的要求是在凌汛期水库应尽可能保持下泄流量的稳定。

为保证北干流河段和天桥水电站凌汛期的安全,最大限度地发挥水库发电效益,应加强万家寨、龙口水库联合调度,具体建议如下:

(1)龙口水库是万家寨水库的反调节水库,效果显著。凌汛期间,万家寨水库日内调度基本不受约束,可进行调峰发电和电网事故备用;龙口水库机组不应参与电网事故备用,并尽量退出调峰发电,尽可能减小下泄流量的日际、日内变化幅度,为黄河北干流防凌安全提供较为理想的动力条件。

(2)继续加强各相关单位及部门之间的协调和协商。由于万家寨水库,特别是龙口水库的泄流过程对黄河北干流的凌汛具有较大的影响,而水库的泄流量又与发电安排有关。因此,万家寨水库管理单位应进一步加强与内蒙古电力、山西电力、天桥水电站、山西防办等单位的沟通协调,保障防凌安全,提高水库发电效益。

第5章 万家寨水库库区淤积形态分析

5.1 入库水沙

5.1.1 水沙年际变化

万家寨水库入库径流由两部分组成,河口镇以上流域径流和河口镇—万家寨坝址区间的径流。坝址设计多年平均径流量为 192 亿 m^3(1919~1979 年设计入库系列);设计多年平均入库沙量为 1.49 亿 t,其中干流来沙量为 1.080 亿 t,区间来沙量为 0.41 亿 t;多年平均含沙量为 6.6 kg/m^3。

龙羊峡水库蓄水运用以来,龙羊峡、刘家峡两库联合调节改变了黄河上游来水来沙条件,黄河水量统一调度以来这种变化更为明显。根据头道拐 1954~2010 年系列资料,1986 年前实测年平均径流量为 163.50 亿 m^3,1999 年后实测年平均径流量为 151.48 亿 m^3。另外,龙羊峡水库蓄水前的 1954~1986 年间,头道拐洪峰流量最大值为 5 310 m^3/s,多年平均洪峰流量为 3 049 m^3/s,最大洪峰出现时间主要发生在汛期(7~10 月);龙羊峡水库蓄水后的 1987~2010 年间,头道拐洪峰流量最大值为 3 350 m^3/s,多年平均洪峰流量为 2 287 m^3/s。汛期大洪水出现时间由原来的 7 月下旬至 8 月中旬和 9 月中下旬两个时段演变为 9 月及以后的一个时段。

万家寨水库自 1998 年 10 月下闸蓄水以来,入库水量一直偏枯,水小沙少,以 2005 年为界,来水量、来沙量均明显表现出不同特征。1999~2005 年 7 个年份中,除 1999 年来水为 158.89 亿 m^3 以外,其余年份来水偏枯,基本在 150 亿 m^3 以下,2003 年来水量最少,只有 110.92 亿 m^3。2006~2010 年来水较 1999~2005 年偏丰,均超过 170 亿 m^3,年平均来水量 178.49 亿 m^3,2010 年来水量最多,达 189.47 亿 m^3。1999~2010 年 12 个年份中,1999 年、2006~2010 年 6 个年份来沙量超过 0.400 亿 t,其中 2006 年、2007 年来沙量超过 0.6 亿 t,年平均含沙量为 3.71 kg/m^3 和 3.68 kg/m^3,汛期含沙量达 5.09 kg/m^3 和 4.94 kg/m^3;2001 年来沙量最小,仅有 0.188 亿 t。

1999~2010 年黄河干流头道拐水文站来水来沙量统计见表 5-1。1999~2010 年头道拐水文站年平均来水量 151.48 亿 m^3,年平均来沙量 0.416 亿 t,年平均含沙量 2.75 kg/m^3。其中,1999~2005 年头道拐水文站年平均来水量 132.18 亿 m^3,年平均来沙量 0.295 亿 t,年平均含沙量 2.23 kg/m^3,分别占设计值的 68.85%、27.31% 和 33.78%;2006~2010年头道拐水文站年平均来水量 178.49 亿 m^3,年平均来沙量 0.585 亿 t,年平均含沙量 3.28 kg/m^3,分别占设计值的 97.97%、54.16% 和 49.69%。2006~2010 年与1999~2005 年相比,头道拐水文站年来水量增加了 35.03%,年来沙量增加了 97.90%。由于年来沙量增加的比例远大于来水量增加的比例,年平均含沙量由 1999~2005 年的

2. 23 kg/m³ 提高到 2006～2010 年的 3. 28 kg/m³。

表 5-1　头道拐水文站历年水沙特征表（运用年）

年份	水量（亿 m³）			沙量（亿 t）			含沙量（kg/m³）		
	非汛期	汛期	运用年	非汛期	汛期	运用年	非汛期	汛期	运用年
1999	90.72	68.17	158.89	0.167	0.268	0.435	1.84	3.93	2.74
2000	97.36	46.07	143.43	0.179	0.116	0.295	1.84	2.52	2.06
2001	76.22	36.41	112.63	0.096	0.092	0.188	1.26	2.52	1.67
2002	92.32	32.83	125.15	0.193	0.079	0.272	2.09	2.41	2.17
2003	58.75	52.17	110.92	0.080	0.187	0.267	1.36	3.59	2.41
2004	88.57	37.40	125.97	0.135	0.112	0.247	1.52	3.00	1.96
2005	88.06	60.24	148.30	0.115	0.248	0.363	1.31	4.13	2.45
2006	115.80	66.10	181.90	0.338	0.337	0.675	2.92	5.09	3.71
2007	98.56	80.50	179.06	0.262	0.397	0.659	2.65	4.94	3.68
2008	108.64	62.96	171.60	0.317	0.219	0.536	2.92	3.49	3.13
2009	106.53	63.90	170.43	0.242	0.233	0.475	2.27	3.64	2.79
2010	119.16	70.31	189.47	0.333	0.246	0.579	2.79	3.50	3.06
1999～2005 年平均	84.57	47.61	132.18	0.135	0.157	0.295	1.60	3.16	2.21
2006～2010 年平均	109.74	68.75	178.49	0.298	0.286	0.584	2.71	4.13	3.27
变化	25.17	21.14	46.31	0.161	0.129	0.290	1.11	0.97	1.07
变化比例（%）	29.76	44.40	35.03	116.46	81.92	98.05	69.07	30.88	48.24
1999～2010 年平均	95.06	56.42	151.48	0.205	0.211	0.416	2.06	3.56	2.65

5.1.2　水沙年内分配

头道拐水文站 2006～2010 年平均来水来沙量比 1999～2005 年显著增加，水沙的年内分配也发生了较大的变化。1999～2005 年头道拐水文站汛期、非汛期来水量分别为 47.61 亿 m³ 和 84.57 亿 m³，2006～2010 年头道拐水文站汛期、非汛期来水量分别为 68.75 亿 m³ 和 109.74 亿 m³，分别增加了 44.40% 和 29.76%。汛期来水量占全年的比例由 1999～2005 年的 36.02% 增加到 2006～2010 年的 38.52%。1999～2005 年头道拐水文站汛期、非汛期来沙量分别为 0.157 亿 t 和 0.138 亿 t，2006～2010 年头道拐水文站汛期、非汛期来沙量分别为 0.286 亿 t 和 0.298 亿 t，分别增加了 81.92% 和 116.46%。汛期来沙量占全年的比例由 1999～2005 年的 53.31% 减少到 2006～2010 年的 48.97%。

表 5-2 为头道拐水文站逐月水沙统计结果。可以看出，头道拐水文站凌汛开河期（3月、4月）来水量较大，其中 3 月来水量均超过 22 亿 m³，主汛期 9 月来水量较大，2006～2010 年 9 月平均来水量为 25.08 亿 m³。与 1999～2005 年相比，2006～2010 年汛期增水量最大的月份是 9 月，增加 7.86 亿 m³，增水幅度达 45.66%，非汛期增水集中在 4～6 月，增水量最大的月份是 4 月，增水 9.66 亿 m³，增幅 76.96%，其次是 6 月，增水 7.63 亿 m³，增幅达 139.10%。头道拐水文站来沙量凌汛期 3～4 月和主汛期 8～9 月较多。其中，3～

4月平均含沙量为3.24 kg/m³,最大含沙量为12.7 kg/m³,发生于2008年3月20日;8~9月平均含沙量为4.37 kg/m³,最大含沙量为20.2 kg/m³,发生于2003年8月2日。与1999~2005年相比,2006~2010年汛期增沙量最大的月份是9月,增沙0.061亿t,增沙幅度达94.54%;非汛期增沙集中在3月、4月,增沙量最大的月份是4月,增沙0.063亿t,增幅达237.20%。

表5-2 头道拐水文站逐月水沙统计

月份	水量(亿m³)				沙量(亿t)			
	1999~2005年	2006~2010年	变化量	变化(%)	1999~2005年	2006~2010年	变化量	变化(%)
11	11.27	13.40	2.13	18.90	0.017	0.034	0.017	100.00
12	9.03	8.65	−0.38	−4.21	0.005	0.007	0.002	40.00
1	8.20	8.83	0.63	7.68	0.003	0.004	0.001	33.33
2	10.52	10.88	0.36	3.42	0.004	0.004	0.000	0
3	22.29	23.65	1.34	6.10	0.062	0.092	0.030	48.39
4	12.55	22.21	9.66	76.97	0.027	0.090	0.063	233.33
5	5.23	9.02	3.79	72.47	0.008	0.017	0.009	112.50
6	5.48	13.11	7.63	139.23	0.013	0.051	0.038	292.31
7	6.75	12.00	5.25	77.78	0.020	0.038	0.018	90.00
8	12.30	18.76	6.46	52.52	0.047	0.090	0.043	91.49
9	17.22	25.08	7.86	45.64	0.064	0.125	0.061	95.31
10	11.34	12.90	1.56	13.76	0.025	0.033	0.008	32.00
合计	132.18	178.49	46.31	35.04	0.295	0.585	0.290	98.31

另外,自2005年开始,汛期入库洪水过程也有较大变化,大于800 m³/s流量过程持续时间明显增加,见表5-3。1999~2004年,入库流量大于800 m³/s的天数基本小于20 d;2005~2010年,入库流量大于800 m³/s的天数均超过25 d。

表5-3 头道拐水文站历年8~9月入库流量大于800 m³/s的天数统计

年份	入库流量≥800 m³/s的天数(d)	年份	入库流量≥800 m³/s的天数(d)
1999	21	2005	27
2000	11	2006	25
2001	7	2007	36
2002	2	2008	32
2003	12	2009	33
2004	6	2010	38

5.1.3 水沙特性

万家寨水库下闸蓄水运用以来,水库来水来沙呈现以下特征:

（1）主汛期基流和洪峰流量较小,洪水过程持续时间短。头道拐水文站 1999～2010 年 7～10 月平均流量为 513 m^3/s,平均水量为 56.42 亿 m^3,仅占设计 7～10 月平均流量（816 m^3/s）的 62.87%。1999～2010 年,汛期中 8～9 月日均流量大于前 6 年 800 m^3/s 的总天数仅为 250 d,其中 2005～2010 年的 6 年为 191 d,明显大于 1999～2004 年前 6 年的 59 d。

（2）凌汛期开河水量相对较大,持续时间较长。头道拐水文站 3 月平均水量为 22.86 亿 m^3,平均流量为 853 m^3/s,来水量均大于主汛期月来水量。2000 年 3 月来水量最大,入库水量为 27.84 亿 m^3,平均流量为 1 039 m^3/s。1999～2010 年 3 月日均流量大于 1 000 m^3/s 的总天数为 118 d。凌汛开河期来水相对稳定,有利于水库排沙。

（3）干流来沙量和含沙量均小于设计值,1999～2010 年,头道拐水文站年平均来沙量为 0.416 亿 t,平均含沙量为 2.75 kg/m^3,分别占设计值的 38.52% 和 41.67%。年内来沙主要集中在凌汛期 3～4 月及汛期的 8～9 月,1999～2010 年,3～4 月来沙量占全年来沙量的 30.72%,8～9 月来沙量占全年来沙量的 37.34%。水库封河至翌年开河前（12 月至翌年 2 月）的期间来沙量最少,仅为全年来沙量的 3.02%。头道拐水文站最大含沙量为 36 kg/m^3,发生在 2003 年 7 月 31 日。

5.2　万家寨库区淤积形态分析

5.2.1　水库纵向淤积分布特点

5.2.1.1　纵剖面的变化

根据万家寨库区淤积测验断面资料,见图 5-1～图 5-3,1998 年 10 月万家寨水库蓄水运用至 2010 年 10 月,水库已淤积泥沙 4.135 亿 m^3,剩余淤沙库容 0.375 亿 m^3。

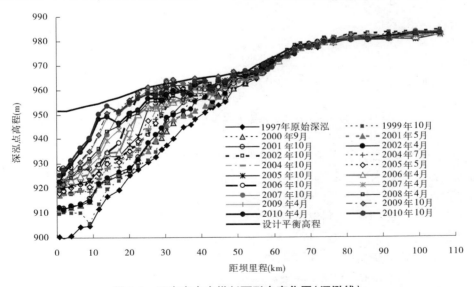

图 5-1　万家寨水库纵剖面形态变化图（深泓线）

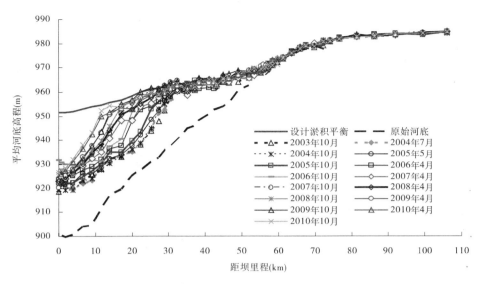

图 5-2 万家寨水库纵剖面形态变化图

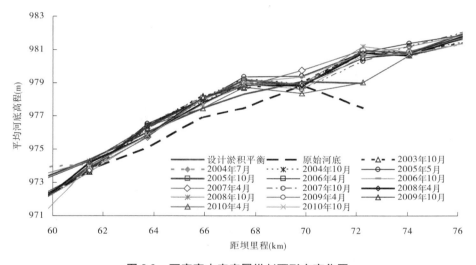

图 5-3 万家寨水库库尾纵剖面形态变化图

万家寨水库运用初期,水库淤积体呈带状,直到 2002 年 10 月以后才反映出三角洲形式淤积的特性,随着水库运用水位的不断抬高和水库的不断淤积,淤积三角洲顶点不断向坝前推进,至 2010 年汛后三角洲顶点已推进到距坝 22 km 附近,整个三角洲淤积体分布在距坝 60 km 范围以下。三角洲淤积段呈现出"汛期淤积,非汛期桃汛洪水冲刷调整"的规律,淤积面最大调整高差为 8 m。例如:2005 年汛期 WD26 ~ WD42 河段淤高 0.8 ~ 4.5 m;2006 年非汛期 WD30 ~ WD50 河段冲刷 0.5 ~ 4.5 m,2006 年汛期 WD23 ~ WD43 河段淤高 1.1 ~ 5.1 m,WD00 ~ WD04 河段淤高 4.2 ~ 8.2 m;2007 年非汛期 WD23 ~ WD54 河段冲刷 0.5 ~ 3.75 m,WD00 ~ WD04 河段冲刷 5.0 ~ 8.0 m;2009 年汛期 WD23 ~ WD50 河段淤高 0.2 ~ 3.43 m;2010 年非汛期 WD23 ~ WD54 河段冲刷 0.5 ~ 3.6 m。

水库大部分泥沙在坝前 55.16 km 以下淤积,坝前 22.45 km(坝前~WD23)以下平均淤积厚度为 38.1~23.1 m,坝前 55.16~22.45 km(WD23~WD54)平均淤积厚度为 28.56~2.5 m。2009 年 10 月,WD23、WD26、WD30~WD34、WD40 和 WD46~WD52 断面或库段超出设计淤积平衡高程。2010 年桃汛洪水冲刷调整后,已回落到设计淤积平衡高程以下,接近 2008 年 4 月淤积状态。截至 2010 年 10 月,坝前的 20 km 以内还有 0.28 亿 m³ 左右未淤积的死库容漏斗,距坝 30~60 km 已接近设计淤积平衡高程,距坝 60 km 以上库区基本冲淤平衡。

5.2.1.2 沿程淤积量分布

万家寨水库自 1998 年 11 月至 2010 年 10 月,干流控制站头道拐来水 1 817.76 亿 m³,来沙 4.991 亿 t。截至 2010 年 10 月,水库共淤积泥沙 4.135 亿 m³,WD54 以下河段淤积 4.127 亿 m³,WD54~WD64 河段为微冲刷状态,WD64~WD72 河段微淤,见表 5-4。

表 5-4 干流不同河段淤积量统计

河段	WD23 以下	WD23~WD54	WD54~WD64	WD64~WD72	合计
淤积量(亿 m³)	2.222	1.905	-0.006	0.014	4.135

其中,2000~2010 年 11 个运用年水库淤积 3.391 亿 m³,WD23 以下河段淤积 1.885 亿 m³,WD23~WD54 淤积 1.532 亿 m³,WD54~WD64 淤积 0.009 亿 m³,WD64~WD72 冲刷 0.035 亿 m³,库区年均淤积 0.308 亿 m³,见图 5-4。

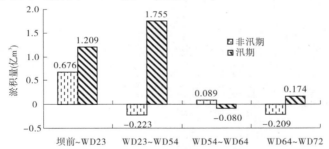

图 5-4 2000~2010 年库区不同河段汛期和非汛期冲淤量统计

11 年间,汛期除 WD54~WD64 库尾回水变动区发生冲刷外,其余河段均发生淤积,且主要淤积在 WD54 以下河段;非汛期坝前~WD23、WD54~WD64 库尾回水变动区发生淤积,库中 WD23~WD54、WD64 以上均发生冲刷。

2000~2010 年,坝前~WD23 河段共淤积泥沙 1.885 亿 m³,其中汛期淤积 1.209 亿 m³,非汛期淤积 0.676 亿 m³。由于 2006 年、2007 年汛期来沙量较大,2008 年水库水位波动大,运行水位相对较低,该河段汛期淤积主要发生在 2006~2008 年,淤积 0.554 亿 m³,占汛期淤积总量的 45.84%;2001 年、2004 年来沙相对较少,2009 年运用水位高,这三年淤积总量为 0.064 亿 m³,仅占汛期淤积总量的 5.29%。非汛期淤积调整主要发生在 2000 年、2005 年、2006 年、2009 年和 2010 年,淤积量为 0.689 亿 m³,仅 2006 年就淤积 0.240 亿 m³,占该河段非汛期淤积量的 35.53%。

2000~2010年,WD23~WD54河段共淤积泥沙1.532亿m³,其中汛期淤积1.755亿m³,非汛期冲刷0.223亿m³,该河段汛期淤积比较均衡,除2004年、2008年和2010年淤积量较少(分别为0.064亿m³、0.063亿m³和0.095亿m³)外,其他年份汛期淤积量都为0.157~0.310亿m³,占淤积总量的87.34%;非汛期主要以冲刷为主,冲刷年份为2000年、2006~2008年、2010年,冲刷量为0.529亿m³,其他年份为微淤。

2000~2010年,WD54~WD64河段累计淤积泥沙0.009亿m³,该河段有冲有淤,一般非汛期淤积,汛期冲刷,冲淤基本平衡。2004年非汛期水库运用水位较高,冲淤变化最大,非汛期淤积量0.029亿m³,汛期冲刷量为0.024亿m³。

2000~2010年,WD64~WD72河段累计冲刷泥沙0.035亿m³,除个别年份外,该河段基本为汛期淤积、非汛期冲刷,总体上泥沙冲淤平衡,为河道自然冲淤状态。由于2005年非汛期大于800 m³/s的流量过程时间短,2006年非汛期来沙量较大,这期间该河段呈淤积状态。

5.2.1.3 水沙条件对水库泥沙淤积的影响

万家寨水库泥沙淤积主要取决于入库水沙条件。水库运行以来,入库水量和沙量均小于设计值,来水、来沙的减少主要表现在汛期和枯水期,凌汛开河期的水沙量相对稳定、洪峰流量较大,故调整了原设计排沙方案,主要利用桃汛洪水过程排沙。2005年以后,头道拐水文站来水来沙增大,2006~2010年年均来水较2000~2005年增加50.75亿m³,增幅达39.74%,年均来沙量增加0.313亿t,增幅达114.79%,平均含沙量增加1.15 kg/m³,增幅达53.71%。

与2000~2005年相比,2006~2010年库区WD54以下淤积量增加,且坝前增加比例较大,见图5-5。库区淤积量的增加主要发生在汛期,非汛期WD23~WD54河段由淤积变为冲刷,WD23以下河段淤积量明显增加,见图5-6、图5-7。这也说明来水来沙量的增加虽然加重了汛期水库的淤积,但却有利于非汛期淤积形态向坝前调整。

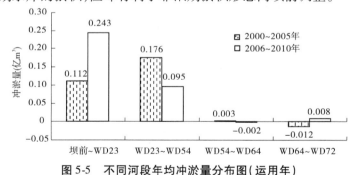

图5-5　不同河段年均冲淤量分布图(运用年)

汛期淤积量是否增加主要取决于来沙量,2006年汛期和2008年汛期来水量及洪水过程相似,但2008年汛期较2006年汛期来沙量减少了35%,相应淤积量减少了45%。

淤积量不但与来水来沙量有关,而且还与洪水过程密切相关。2005年、2008年和2009年汛期头道拐水文站来水来沙量相似,但流量大于1 000 m³/s的天数分别为9 d、17 d和23 d,2008年、2009年流量大于1 000 m³/s的过程持续时间长,淤积量相差不大,与2005年汛期相比淤积量减少了约30%,见表5-5。

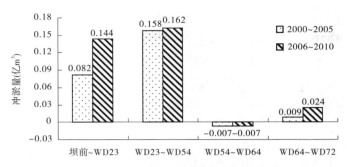

图 5-6　不同河段年均冲淤量分布图（汛期）

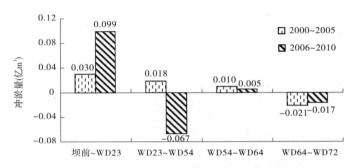

图 5-7　不同河段年均冲淤量分布图（非汛期）

表 5-5　不同年份汛期水沙特征与淤积情况

项目	来水量 （亿 m³）	来沙量 （亿 t）	含沙量 （kg/m³）	流量≥1 000 m³/s 的 天数（d）	淤积量 （亿 m³）
2005 年汛期	60.24	0.248	4.13	9	0.322
2008 年汛期	62.96	0.219	3.49	17	0.231
2009 年汛期	63.90	0.233	3.64	23	0.224

注：表中同期淤积量大于来沙量，其主要原因是区间来沙。

5.2.1.4　水库运用方式对泥沙淤积的影响

万家寨水库的淤积形态受水沙条件影响的同时，也与坝前运用水位密切相关。受蓄水位高低的影响，不同时期泥沙淤积的部位也有变化。坝前水位高，库区淤积重心偏上，坝前水位低，库区淤积重心偏下，有利于冲刷调整。

2002 年以前，坝前水位较低，水库淤积呈带状。1999 年 9 月至 2000 年 6 月水库发生冲刷，冲刷 0.154 亿 m³，主要冲刷库区中段 WD23～WD54，并把该库段泥沙调整到坝前。从出库含沙量看，冲刷发生在 2000 年的 3 月 20～26 日，期间库水位最高为 946.7 m，最低为 929.5 m，出库含沙量最大为 18 kg/m³。2002 年、2003 年、2006 年和 2008 年汛期，水库水位波动大，且运行水位较低，汛期平均水位分别为 965.9 m、965.7 m、965.1 m 和 965.5 m，WD23 以下淤积量分别占同期全河段淤积量的 42.7%、41.3%、59.3% 和 62.8%。

2005 年、2007 年和 2009 年汛期,水库运用水位有所提高,汛期平均水位分别为 966.8 m、968.2 m 和 969.2 m,且运行过程相对平稳,淤积重心上移到库区中部,WD23 ~ WD54 之间的淤积量占同期全河段淤积量的 69.6%、62.6% 和 72.6%。

2006 年开展利用桃汛洪水冲刷潼关高程试验以来,随着非汛期水库运用方式的调整,淤积状态也发生了变化。库尾段淤积减少,库区中部冲刷增强,坝前淤积相应增加,见图 5-7。

2007 年 3 月 19 ~ 27 日冲刷了 0.185 亿 t,期间库水位最高为 972.72 m,最低为 952.18 m,出库沙量为 0.3 亿 t,出库含沙量最大为 56.8 kg/m³,同期入库沙量为 0.062 亿 t。2008 年 3 月 16 ~ 31 日冲刷了 0.083 亿 t,期间库水位最高为 970.81 m,最低为 951.97 m,出库沙量为 0.255 亿 t,入库沙量为 0.124 亿 t。2006 年、2009 年和 2010 年没有发生冲刷,但淤积主要发生在坝前,库区淤积形态得到了调整,见图 5-8。

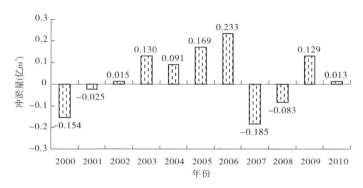

图 5-8 不同年份非汛期冲淤量统计

5.2.2 拐上断面的冲淤变化

5.2.2.1 拐上断面形态变化

拐上及其上下游断面(WD64 ~ WD66)1997 年 7 月到 2010 年 10 月期间断面形态有冲有淤,整体为微淤,见图 5-9 ~ 图 5-11。

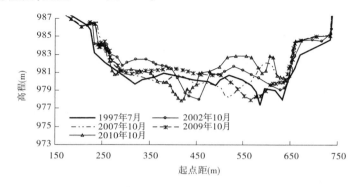

图 5-9 拐上断面形态变化图(WD65)

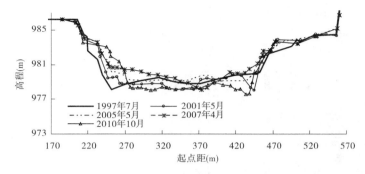

图 5-10　拐上(下)断面形态变化图(WD64)

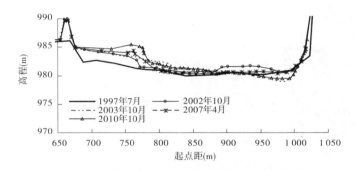

图 5-11　拐上(上)断面形态变化图(WD66)

拐上断面深泓有摆动,摆动范围近 200 m;左岸最深点冲淤变幅为 4.1 m,右岸最深点冲淤变幅达 6.2 m(2007 年 4 月断面),比较 2010 年 10 月与 1997 年 7 月断面形态,断面平均淤高 0.90 m。拐上(下)断面左岸向河中推进约 30 m,是采石场弃渣所致,右岸最深点冲淤变幅达 3.0 m(2007 年 4 月断面),断面平均冲刷约 0.33 m。拐上(上)断面 1999年 10 月以后,全断面有冲有淤,深泓点最大变幅达 2.4 m,比较 2010 年 10 月与 1997 年 7月断面形态,断面平均淤高约 0.8 m。

5.2.2.2　水沙条件对拐上断面冲淤影响分析

水库运用以来拐上断面累计淤积面积 516 m²,拐上(下)断面累计冲刷面积 98 m²,拐上(下)断面累计淤积面积 309.5 m²。整体来看,拐上断面附近呈微淤状态,为河道自然冲淤演变。冲淤面积的变化主要发生在 2005 年以前,2005 年 10 月以后虽然冲淤变幅较大,但基本冲淤平衡。分析其原因,主要是水沙条件变化引起的。1999~2005 年,头道拐水文站年平均来水量为 132.18 亿 m³,来沙量为 0.295 亿 t,流量大于 1 000 m³/s 的天数年均只有 13.6 d,拐上断面年均淤积面积为 83.86 m²;2006~2010 年,头道拐水文站年平均来水量为 178.49 亿 m³,来沙量为 0.585 亿 t,流量大于 1 000 m³/s 的天数年均达 46 d,拐上断面年均冲刷面积为 14.12 m²,见图 5-12~图 5-14。

如图 5-12 所示,拐上断面发生大淤的时段是 2000 年、2001 年、2008 年非汛期和 2002年、2010 年汛期。分析原因,每个大淤时段发生之前,拐上断面的累计淤积面积较小,都低于 200 m²;且 2001 年非汛期、2002 年汛期来水来沙较小,来水量分别为同期多年平均

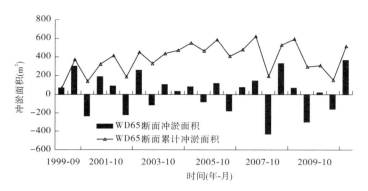

图 5-12 拐上断面冲淤面积示意图(WD65)

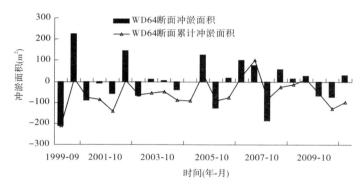

图 5-13 拐上(下)断面冲淤面积示意图(WD64)

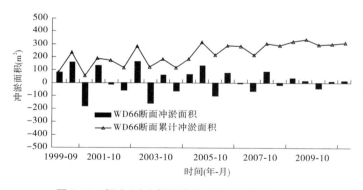

图 5-14 拐上(上)断面冲淤面积示意图(WD66)

值的 73.9%、58.2%;2008 年非汛期来水来沙较大,但含沙量较大,且大于 1 000 m³/s 的流量过程持续时间短(10 d),致使断面发生明显淤积。拐上断面发生大冲的时段是 2000年、2007 年汛期和 2002 年、2006 年、2009 年非汛期。分析原因,每个大冲时段发生之前,拐上断面的累计淤积面积基本大于 400 m²;且 2007 年汛期和 2006 年、2009 年非汛期来水量较大,分别为同期多年平均值的 142.68% 和 121.82%、112.07%,大于 1 000 m³/s 的流量过程持续时间分别是 27 d、28 d 和 37 d,断面发生明显冲刷。另外,2004 年、2005 年汛期和 2007 年非汛期之前,拐上断面的累计淤积面积也都大于 400 m²,但 2004 年汛期来水仅为同期多年平均值的 66.29%，2005 年、2007 年汛期大于 1 000 m^3/s 的流量过程持续时间短且含沙量大,故断面发生淤积。

图 5-15 为各年拐上断面冲淤面积与头道拐来水量、来沙量关系。由图可知,来水量、来沙量的大小对拐上断面的淤积影响较为明显。来水量、来沙量越大,拐上断面的淤积面积就越小,淤积面积随来水量、来沙量的增大呈减小趋势。但是,尽管 2008 年来水来沙量较大,但因 2007 年汛期之后,拐上断面累计冲淤面积较小,且 2008 年大于 1 000 m^3/s 的流量过程持续时间短,致使该年度断面为明显淤积状态。

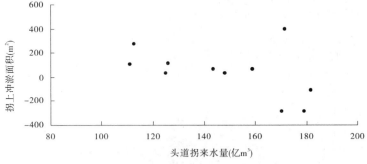

(a)拐上断面冲淤面积与头道拐来水量关系

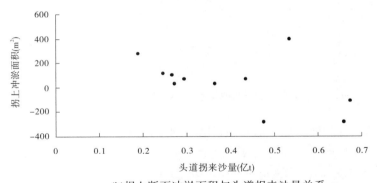

(b)拐上断面冲淤面积与头道拐来沙量关系

图 5-15　拐上断面冲淤面积与头道拐来水量、来沙量关系

此外,拐上断面的冲淤变化与洪水过程也密切相关,大于 1 000 m^3/s 的流量过程持续时间越长,断面冲刷量越大,大于 1 000 m^3/s 的流量过程持续时间越短,断面淤积量越大。

5.2.2.3　水库运用对拐上断面的影响分析

库区的回水影响范围受水库运用水位和库区边界条件(主要是纵比降)的影响。在库区纵比降变化不大的情况下,库区的回水影响范围主要取决于水库的运用水位。万家寨库区的回水影响范围,可以直接利用库区实测水位资料分析确定,即用库区两个水位站的水位差与坝前水位点绘相关关系确定。当在非汛期入库流量变化不大时,水位差若出现明显减小,表明两站中的下游水位站直接受到回水影响。可以看出,在敞流期,水泥厂(距坝 63 km)直接受到回水影响的临界库水位约 975 m,见图 5-16;坝前水位 978 m 左右时喇嘛湾(距坝 72 km)还没有直接受到回水影响,见图 5-17。

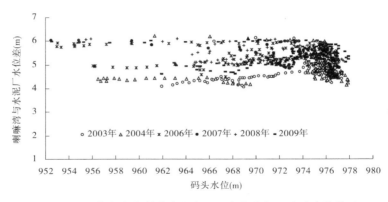

图 5-16　万家寨水库喇嘛湾和水泥厂水位差与码头站水位关系

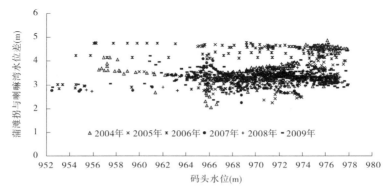

图 5-17　万家寨水库蒲滩拐和喇嘛湾水位差与码头站水位关系

另外,从库区纵剖面图也可以看出目前坝前水位的直接影响范围。在敞流期,如坝前水位为 970 m,回水一般直接影响到距坝 57 km(WD57 断面)附近;如坝前水位为 975 m,回水一般直接影响到距坝 63 km(WD61 断面)附近;如坝前水位为 980 m,回水一般直接影响到距坝 72 km(WD65 断面)附近。水库运用以来,坝前最高运用水位为 978.7 m,目前没有对拐上断面造成影响。

万家寨水库运用以来,坝前水位在 978 m 以上运行仅 11 d,分别是 2002 年 3 月 27 ~ 31 日和 2010 年 6 月 24 ~ 29 日。鉴于水库高水位运行持续时间短,实测资料在分析运用水位对拐上断面的影响时存在局限性,该结论有待进一步论证。

5.3　桃汛洪水对万家寨水库库尾淤积形态的影响

5.3.1　桃汛洪水水沙特点

5.3.1.1　桃汛洪水的形成

每年封冻期(11 月至翌年 2 月),宁夏、内蒙古封冻河段冰下积蓄一定水量。开河期(3 ~ 4 月)随着气温逐渐回升,封冻河段自上而下开河,水量沿程释放汇集,形成洪峰。这一洪水过程恰发生于黄河中下游桃花盛开的季节,因此称为桃汛洪水。

宁蒙河段开河期由于受地理位置的影响,一般从上游向下游解冻,槽蓄水增量的释放沿程逐渐增大,开河时的凌峰流量也呈现沿程增大的过程。凌峰主要出现在巴彦高勒—头道拐河段,每年最大凌峰流量均出现在头道拐水文站,有记载的历史最大凌峰流量为3 500 m³/s(1968 年),最小凌峰流量为1 000 m³/s(1958 年),平均凌峰流量为1 900 m³/s。

一般情况下槽蓄水增量越大,开河时头道拐水文站流量也越大。但是,如果开河速度比较缓慢,槽蓄水增量下泄时间长,则头道拐凌峰流量较小;如果分段开河,槽蓄水增量分散释放,头道拐凌峰流量也会较小。

5.3.1.2 桃汛洪水水沙特点

根据龙羊峡水库运用以来的1987 ~ 2010 年资料统计分析,宁蒙河段在开河期间头道拐水文站出现洪水过程,洪水起涨时间最早出现在3 月7 日,最晚出现在3 月27 日,有55.6% 的年份出现在3 月22 ~ 27 日,平均出现的时间是3 月18 日。最大洪峰出现的最早时间在3 月10 日,最晚出现在4 月1 日,有72.2% 的时间出现在3 月21 日至4 月1 日,平均时间是3 月23 日。最大洪峰流量在1 410 ~ 3 350 m³/s,平均为2 162 m³/s。凌汛期头道拐最大10 d 洪量,1987 ~ 2010 年平均为11.06 亿 m³,最大洪量为15.19 亿 m³(2000 年),最小洪量为7.71 亿 m³(1987 年)。凌汛期相应于最大10 d 洪量的平均沙量为0.059 亿 t,平均含沙量为5.35 kg/m³,瞬时最大含沙量平均为10.71 kg/m³。

万家寨水库运用后,1999 ~ 2010 年桃汛洪水水沙特征值见表5-6。可以看出,1999 ~ 2010 年头道拐桃汛期最大洪峰流量在1 410 ~ 2 590 m³/s,平均为1 921 m³/s。最大10 d 洪量平均为11.79 亿 m³,12 年中最大10 d 洪量的最大值为15.19 亿 m³(2000 年),最小值为8.35 亿 m³(2003 年)。相应于最大10 d 洪量的平均沙量为0.062 亿 t,平均含沙量为5.23 kg/m³,瞬时最大含沙量平均值为9.17 kg/m³。与建库之前的1987 ~ 1998 年时段相比,最大洪峰流量减少,多年平均值减少了约482 m³/s。最大10 d 洪量有所增加,多年平均增加1.45 亿 m³。相应于最大10 d 洪量的平均沙量有所增加,多年平均增加0.005 亿 t,与最大10 d 水量和沙量相对应的平均含沙量变化不大。

万家寨水库运用以来又可以分为两个时段,1999 ~ 2005 年为按凌汛期运用方式正常运用阶段,2006 ~ 2010 年为开展“利用并优化桃汛洪水过程冲刷降低潼关高程试验”,适当调整万家寨水库凌汛期运用方式的试验阶段(以下简称“试验阶段”)。这两个时段凌汛期头道拐洪水水沙特点也有所不同。试验阶段与1999 ~ 2005 年相比,凌汛期头道拐最大洪峰流量多年平均减少了约553 m³/s,最大10 d 水量多年平均减少了约0.52 亿 m³,对应沙量多年平均却增加了0.028 亿 t,多年平均含沙量由上时段的4.15 kg/m³ 增加到6.81 kg/m³,平均含沙量增加了64%,见表5-6。

1987 年以来,除1988 年、1989 年、1994 年外,头道拐水文站年最大流量均出现在凌汛开河期,在汛期洪水场次减少和洪峰流量减小的情况下,凌汛期开河洪水过程对库区冲淤和河床演变起着至关重要的作用。

5.3.1.3 桃汛洪水传播

万家寨水库建库之前(1987 ~ 1998 年)头道拐到河曲河段不同流量级洪峰传播时间分别为:当头道拐洪峰流量为1 500 ~ 2 000 m³/s 时,平均传播时间为16.5 h;当头道拐洪

表 5-6   头道拐水文站凌汛期洪水水沙特征值统计

年份	洪峰流量（m³/s）	瞬时最大含沙量（kg/m³）	最大 10 d		
			洪量（亿 m³）	沙量（亿 t）	平均含沙量（kg/m³）
1987	1 720	8.34	7.71	0.026 3	3.41
1988	2 410	13.7	8.12	0.050 4	6.20
1989	2 620	17.3	10.07	0.068 8	6.83
1990	2 120	9.35	10.50	0.059 6	5.67
1991	2 660	11.2	9.69	0.052 7	5.43
1992	2 120	6.92	9.13	0.036 8	4.04
1993	1 980	9.73	12.65	0.061 1	4.83
1994	2 010	9.96	10.79	0.055 4	5.13
1995	2 170	12	11.27	0.053 1	4.71
1996	2 680	14.2	11.74	0.061 2	5.21
1997	2 990	22.4	10.66	0.084 9	7.96
1998	3 350	12	11.73	0.071 1	6.06
1999	1 790	6.89	12.30	0.052 0	4.23
2000	2 220	8.11	15.19	0.074 3	4.89
2001	2 430	7.89	11.64	0.050 7	4.36
2002	2 160	10.3	10.73	0.052 6	4.90
2003	1 920	13.9	8.35	0.041 6	4.99
2004	2 590	5.3	13.07	0.037 9	2.90
2005	1 950	6.79	12.75	0.039 8	3.12
2006	1 410	7.66	11.39	0.070 7	6.21
2007	1 700	12.8	10.96	0.073 5	6.71
2008	1 890	13.5	12.81	0.110 6	8.64
2009	1 410	8.22	10.13	0.061	6.02
2010	1 580	8.65	12.11	0.075	6.19
1987~1998	2 403	12.26	10.34	0.057	5.46
1999~2005	2 151	8.45	12.00	0.050	4.20
2006~2010	1 598	10.17	11.48	0.078	6.75
1999~2010	1 921	9.17	11.79	0.062	5.26
1987~2010	2 162	10.71	11.06	0.059	5.36

峰流量为 2 000 ~ 3 000 m³/s 时,平均传播时间为 14.8 h;当头道拐洪峰流量为 3 000 ~ 4 000 m³/s 时,平均传播时间为 12 h。建库后,由于头道拐水文站为万家寨水库的入库站,库区干流没有水文站,无法统计分析桃汛洪水从头道拐到万家寨水库坝前的洪水传播时间。河曲站流量过程受万家寨水库调度影响,但总体上头道拐至河曲河段间的洪水传播时间有所延长。

5.3.2 桃汛期水库调度运用方式

5.3.2.1 设计凌汛期水库运用方式

万家寨水利枢纽初步设计凌汛期水库运行方案为:封河发展期水库水位不超过 975 m,稳定封河期水库水位可提高至 977 m,开河期水库水位降低至 970 m。由于下闸蓄水后的第一个凌汛期(1998 ~ 1999 年度)万家寨库区与天桥坝上就遭遇了严重的凌汛灾害,为减少库区凌汛灾害,使水库尽量能够按照初步设计凌汛期水库运行方案正常运行,经对库尾凌汛淹没影响处理设计,2002 年实施了库尾凌汛淹没影响移民搬迁工程,987 m 高程以下移民搬迁至 990 m 以上,公路由 981 m 高程提高到 985 m。

5.3.2.2 桃汛试验期间水库运用方式

1999 ~ 2005 年的凌汛期,万家寨水库均是按单纯的防凌方式运用。2006 ~ 2010 年的试验阶段,适当调整了万家寨水库凌汛期的运用方式,为了满足冲刷降低潼关高程的洪水指标条件,在开河期间,受宁蒙河开河形式、头道拐凌汛洪水过程以及宁蒙河段工情、险情等影响,在确保宁蒙河段和万家寨水库防凌安全的前提下,万家寨水库分别采用了"先蓄后放"、"先泄后蓄再放"等调度运用方式。如 2006 年、2007 年、2009 年和 2010 年桃汛试验期间,由于头道拐凌汛洪水过程非常平坦,为了满足试验要求的出库洪水指标,万家寨水库均采用了"先蓄后放"的运用方式;而 2008 年桃汛试验期间,由于内蒙古河段出现了凌汛险情,虽然头道拐凌汛洪水过程比较平坦,但是为了凌汛安全,万家寨水库则采用了"先泄后蓄再放"的运用方式,即万家寨水库先进行泄水降低水位,确保库尾不会发生堆冰,在险情完全解除后,万家寨水库适时蓄水,然后为试验过程补水,期间最高蓄水位为 971.8 m,补水之后水位最低降到 954.4 m,补水量为 2.33 亿 m³,见图 5-18。2006 ~ 2010 年万家寨水库历年运用水位变化过程见图 5-19。

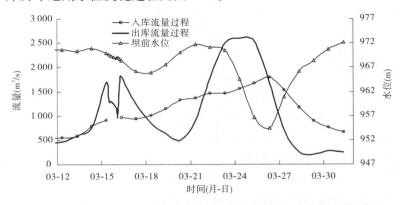

图 5-18 2008 年桃汛试验期间万家寨入、出库流量和坝前水位变化过程

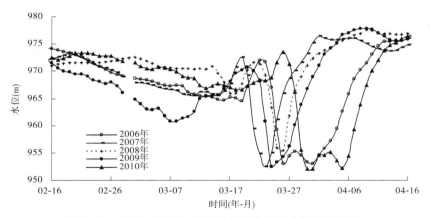

图 5-19   2006～2010 年桃汛期间日均坝前水位变化过程

5.3.3   桃汛期万家寨水库冲淤调整分析

5.3.3.1   库区不同河段冲淤调整分析

由于万家寨库区桃汛期前后没有进行大断面测量,只有每年汛前和汛后大断面测量的成果,因此无法对桃汛期库区冲淤调整进行专门的分析。由于整个桃汛期包含在非汛期中,同时桃汛期万家寨水库有较大的入库水沙过程,且库区运用水位相对变化较大,因此桃汛期的冲淤变化对整个非汛期的冲淤影响较大。这里只能从整个非汛期的冲淤变化结果来反映桃汛期的冲淤变化情况。

万家寨水库自 1998 年 10 月下闸蓄水运用以来,其非汛期运用方式变化不大,只有桃汛期运用方式因开展"利用并优化桃汛洪水过程冲刷降低潼关高程试验"以来有所调整。因此,这里将分两个时段分析万家寨水库桃汛期冲淤变化,即试验之前的 2000～2005 年时段和开展试验之后的 2006～2010 年时段。由图 5-7 万家寨水库两个时段不同河段非汛期冲淤分布可以看出,试验前后除 WD23～WD54 由淤积变为冲刷,其余河段的冲淤性质没有发生变化,上段(WD64～WD72)以冲刷为主,库尾(WD54～WD64)有少量淤积,大量淤积发生在坝前段(坝前～WD23)。试验后与试验前相比,无论是上段的冲刷量,还是库尾的淤积量都有所减少。但是就整个库区来看,试验后库区非汛期多年平均淤积量仅为 0.02 亿 m^3,仅是试验前非汛期多年平均淤积量的 54.05%,试验后比试验前多年平均淤积量减少了 0.017 亿 m^3。

万家寨库区非汛期的冲淤变化主要受入库水沙条件和水库运用方式两方面的影响。根据对试验前后两个时段非汛期入库水沙条件的初步分析,可以看出,试验后万家寨水库非汛期多年平均入库水量、沙量以及平均含沙量均有所增加,虽然非汛期水量增加,但是非汛期中桃汛期洪峰流量明显减小,试验之前的 1999～2005 年桃汛期洪峰流量平均值为 2 151 m^3/s,试验期间的桃汛洪峰流量平均值只有 1 598 m^3/s,桃汛期洪峰平均流量减少 553 m^3/s,同时桃汛期无论是最大含沙量,还是平均含沙量都有所增加。非汛期的库区上段冲刷主要发生在桃汛期,由于桃汛期洪峰流量明显减小,含沙量明显增加,所以导致上段冲刷量明显减少。从水库运用水位情况来看,开展桃汛试验的 2006～2010 年时段,非汛期最高运用水位和最低运用水位比 2002~2005 年的非试验时段分别降低 0.34 m 和 3.15 m,虽然平均运用水位抬升 1.47 m,但是在非汛期入库水量、沙量和平均含沙量都增加的情况下,万家寨库区非汛期淤积量不但没有增加反而有所减少,说明试验期间水库这种调度运用方式,没有增加库区淤积。

万家寨水库坝前日均最低水位一般发生在 3 月内蒙古河段的凌汛开河期,只有 2003 年发生在 12 月 14 日凌汛封河期,而该年桃汛期日均最低水位为 959.31 m(3 月 17 日)。没有开展试验的 2002~2005 年,最低运用水位在 955.14~956.85 m,多年平均值为 956.22 m;试验阶段,最低运用水位在 952.02~955.43 m,多年平均值为 953.07 m。开展桃汛试验间不仅最低运用水位降低,而且最低水位均发生在桃汛洪水期间或者后期。由于试验期间适当调整了桃汛期水库运用方式,在桃汛洪水期间水库为桃汛洪峰补充水量,塑造一定洪峰量级的洪水流量过程。2006 年之前万家寨水库桃汛期运用方式,为了迎接桃汛洪水水库均是在桃汛洪水到来之前先降低水位,等桃汛洪水到来时再拦蓄洪水,抬高水位运用,因此 2006 年之前万家寨水库桃汛期坝前最低水位均发生在桃汛洪水到来之前。从而说明开展桃汛试验期间,为了给满足潼关高程冲刷降低的桃汛洪水过程补充水量,库区运用水位均降低到排沙水位 957 m 以下,有利于库区排沙,减少了库区淤积。

桃汛试验间,有时为满足冲刷降低潼关高程的桃汛流量过程,需要万家寨水库先抬高水位蓄存一定水量,这种运用方式并没有增加万家寨库尾的淤积,见图 5-20。桃汛试验后,水泥厂和喇嘛湾水位站同流量水位都没有抬升,说明开展桃汛试验期间适当抬高坝前水位没有增加库尾断面淤积。

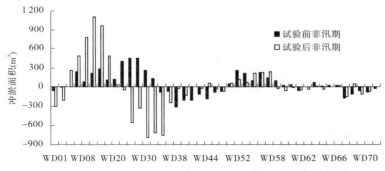

图 5-20　不同时段非汛期万家寨库区各断面年平均冲淤面积分布图

5.3.3.2　桃汛洪水对库尾淤积形态影响

1. 对库区横断面形态影响

水库蓄水运用之后,库区回水范围之内一般均发生淤积。库区横断面形态变化可以直接反映出库区各断面冲淤变化。这里选取开展桃汛试验之前的 2005 年和开展桃汛试验后的 2008 年作对比分析,这两年最大 10 d 洪量和洪峰流量都相近,不同的是 2008 年桃汛洪水期间最大含沙量和平均含沙量均较大。

近坝段的 WD20 和 WD34 桃汛期的冲淤变化主要受水库运用水位的影响,2005 年桃汛期主要以淤积为主,2008 年桃汛期主要以冲刷为主,见图 5-21、图 5-22。其他距坝较远的断面无论是 2005 年还是 2008 年都有冲有淤,以微淤者居多,但是冲淤变幅均不大。这一点从万家寨库区各断面冲淤面积变化图看得更为直接,见图5-23。

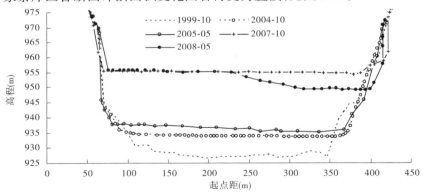

图5-21　万家寨水库WD20横断面形态变化图

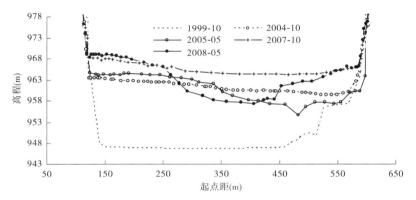

图5-22　万家寨水库WD34横断面形态变化图

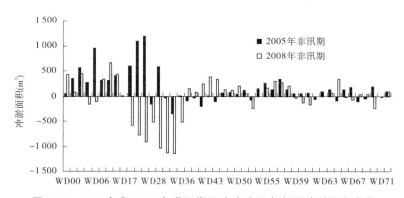

图5-23　2005年和2008年非汛期万家寨库区各断面冲淤面积变化

2.对库区纵剖面形态影响

从万家寨库区淤积纵剖面图(见图5-1~图5-3)可以看出2010年10月与2005年10月断面资料相比,距坝60 km以上各断面平均河底高程基本没有抬升,且有所下降。说明2006~2010年桃汛期,虽然在桃汛洪水之前适当抬高水位运用,并没有增加库尾段的淤积。

5.3.3.3 库尾床沙级配沿程变化

根据河床演变学,床沙级配沿程变化在一定程度上可以反映库区冲淤演变规律。库区淤积时从上游到下游床沙组成一般是沿程变细。库区降低水位冲刷时,若入库流量较大,库区上段发生沿程冲刷和下段发生溯源冲刷相衔接时,库区床沙组成都会有所粗化,一般情况下仍然是上段粗,下段细;若入库流量较小,库区上段冲淤变化较小,只有库区下段发生溯源冲刷,坝前段床沙也会有所粗化,但是受前期淤积物组成和来沙组成影响,库区床沙组成沿程变化不易判断。由于万家寨库区桃汛前后没有断面测量和床沙取样分析,因此只能用上年汛后和当年汛前的断面测量成果和床沙颗粒分析成果进行近似分析。受床沙取样位置、取样深度等多方面因素影响,万家寨库区床沙组成沿程变化从上到下有粗有细,粗细交替,没有明显的变化规律。2001 年桃汛过后的 5 月,库尾段床沙中数粒径范围为 0.018 ~ 0.075 mm。2002 年桃汛过后的 4 月,库尾段床沙中数粒径范围为 0.007 ~ 0.089 mm。2006 年、2007 年、2008 年开展桃汛试验后的 4 月,库尾段床沙中数粒径范围分别为 0.018 ~ 0.080 mm、0.036 ~ 0.080 mm、0.021 ~ 0.054 mm,见图 5-24。

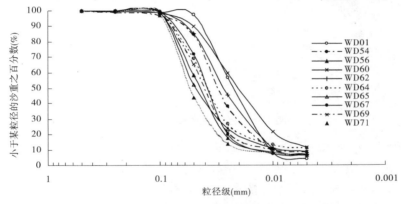

图 5-24　2008 年 5 月万家寨库区床沙级配沿程变化

5.3.4　有利于改善库尾淤积形态的桃汛期万家寨水库运用方式研究

5.3.4.1 桃汛期水库排沙分析

万家寨水库运行初期的 1999 ~ 2000 年度,由于机组尚未全部运行等因素,水库弃水较多,因此排沙较多,桃汛期排沙比分别为 24.59% 和 143.01%。2001 ~ 2005 年随着机组逐步投入运用,弃水较少,桃汛期运用是在桃汛洪峰到来之前先降低水位至 955 ~ 959 m,随着桃汛洪峰到来,蓄水削峰运用,所以桃汛期排沙比均较小,期间排沙比最小仅 2.50%,最大 51.06%,平均 21.24%。尽管如此,1999 ~ 2005 年桃汛期排沙量仍占该时段全年总排沙量的 74%;2006 ~ 2010 年试验阶段,由于适当调整了桃汛期运用方式,桃汛期排沙比显著增加,期间最小排沙比为 66.39%,最大排沙比达到 428.57%,多年平均达到 187.10%。该时段桃汛期排沙量占全年总排沙量的 87%,也就是说,2006 ~ 2010 年万家寨库区年平均 87% 的泥沙是通过桃汛洪水期排泄出的。因此,对近期黄河干流汛期不来大洪水没有机会排沙的情况下,桃汛期这种运用方式,对库区排沙,调整库区淤积形态,减少库区淤积,恢复有效库容是非常有利的。

5.3.4.2 有利于改善库尾淤积形态的桃汛期运用方式

万家寨水库投入运用以来,特别是2006年利用桃汛洪水冲刷降低潼关高程试验以来,万家寨库尾的淤积形态基本是按设计的淤积形态发展,淤积纵剖面没有超过淤积平衡时的纵剖面。

目前,万家寨水库库容非常有限,水库965~952 m(最低发电水位)之间库容仅为1.0亿 m³左右,975~952 m之间库容也只有2.8亿 m³左右,见图5-25。万家寨水库桃汛期的调度运用应视宁蒙河段凌汛开河过程和潼关高程变化情况而定。

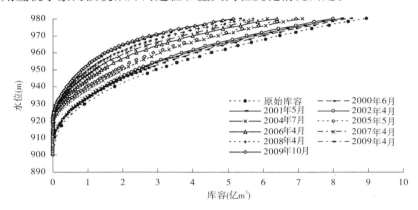

图 5-25　万家寨水库库容曲线图

首先,利用桃汛洪水冲刷降低潼关高程原型试验不一定每年都要进行,要根据具体条件来确定。如对于连续的丰水年份,汛期洪水对潼关高程冲刷降低已经产生很好的效果,继续冲刷潼关河床需要更大的水流能量,对于只有约13亿 m³洪量的桃汛洪水而言,其冲刷作用自然削弱,进行优化桃汛洪水过程的意义不大;对于连续的枯水年份,其水沙过程难以使潼关高程产生冲刷,相对而言,洪峰流量能达2 500 m³/s以上的桃汛洪水,对潼关高程的作用不可忽视,此时实施调整万家寨水库运用方式、优化桃汛洪水过程,对遏制潼关高程的冲刷抬升尤为重要。其次,开展桃汛试验时,还要考虑宁蒙河段和万家寨库区的防凌安全,在确保防凌安全的情况下,为了优化桃汛洪水过程,在凌汛洪峰到来之前,可以适当抬高水库运用水位,为桃汛洪水补水,泄放较大流量过程,以尽量满足潼关高程冲刷降低的水流条件。

在不开展利用桃汛洪水冲刷降低潼关高程的年份,由于黄河干流汛期洪水量大幅度减少的情况短期内难以改变,随着万家寨水库不断淤积,库区死库容淤满之后,考虑桃汛期入库水流含沙量相对较大,为了防止库尾淤积,桃汛洪水期水库尽量不要蓄水,保持进出库平衡运用,避免水库淤积发生"翘尾巴"现象。

黄河凌汛情况复杂,凌情变化莫测。宁蒙河段开河时的洪水与凌汛期间宁蒙河段槽蓄水量、封河特点、开河期上游来水、气温变化、开河形式等因素有关。特别是开河形式因受气温和封河形式的影响而多变,有时自上而下,有时自下而上,有时分段开河,有时开河缓慢,有时比较集中。限于当前科技水平和所能掌握的信息资料,很难精确预报出万家寨水库入库站的开河洪水过程。另外,万家寨水库自建成运用以来,由于泥沙淤积,已达到冲淤平衡状态,可调节库容较小。因此,利用万家寨水库蓄水塑造桃汛洪水过程能力有限。再者,万家寨水库建成蓄水后,水面比降为0.1‰,库区回水末端流速很小,输冰能力降低,具有阻冰作用且容易卡冰,因此开河时容易壅水形成冰塞、冰坝。2006年和2007年内蒙古河段开河平稳,防凌形势较好,以塑造桃汛洪水为主的万家寨水库调度得以顺利实施。但若遇严重凌情,水库必须降低水位防凌,与塑造桃汛洪水水库蓄水发生冲突,试验调度风险也将大为增加。

经研究分析后认为,潼关高程的降低主要与潼关站桃汛洪水的洪峰流量、10 d洪量、三门峡水库水位以及潼关站的桃汛洪水过程等因素有关[26]。由于头道拐水文站的桃汛洪水过程难以准确预报,水库可调节洪水的库容较小,且水库蓄水造峰与防凌运用存在一定矛盾,加上万家寨水库距潼关断面距离较远,难以使万家寨水库出库洪水与北干流河段融冰来水有效组合成理想的潼关站桃汛洪水过程。

所以,建议[27]如下:应改变万家寨水库桃汛期的运用方式,使其成为常规性调度运用方式,即以简单、有效、负效益最小为原则,以恢复万家寨水库建库前进入下游的桃汛洪水过程为主,利用万家寨水库的蓄水补给实现锦上添花,通过控制三门峡水库桃汛期运用水位,实现潼关高程的冲刷。也就是说,当桃汛洪水开始进入万家寨水库时,在保证库区防凌安全的前提下,控制万家寨适当的库水位不变,使水库进、出库流量平衡,在头道拐水文站实测洪峰流量出现后,开始降低万家寨的库水位在洪峰附近段适当补水,优化桃汛洪水过程,实现锦上添花。桃汛期间控制三门峡水库水位不超过315 m。这种调度方式相对简单,既减轻了桃汛洪水预报的工作压力,又降低了万家寨库区的凌汛灾害风险,也减少了万家寨水库的蓄泄调度程序,且可恢复潼关断面的桃汛洪水冲刷效果。

5.4 小结与建议

5.4.1 小 结

(1)万家寨水库入库水小沙少,均小于设计值。1999~2010年头道拐水文站年平均来水151.48亿 m^3,年均来沙量0.416亿t,分别占设计值的78.90%和38.52%。其中,汛期年均水量56.42亿 m^3,汛期年均沙量0.211亿t,分别占年水量、沙量的37.25%和50.72%,汛期平均含沙量3.74 kg/m^3。

(2)头道拐水文站来沙主要集中在凌汛期3~4月及汛期的8~9月。1999~2010年,3~4月来沙量占全年来沙量的30.72%,汛期的8~9月沙量占全年来沙量的37.34%。其中,3~4月平均含沙量为3.24 kg/m^3,最大含沙量为12.7 kg/m^3;8~9月平均含沙量为4.37 kg/m^3,最大含沙量为25 kg/m^3。

主汛期基流和洪峰流量减小,洪水过程持续时间短。1999~2004年,流量大于800 m^3/s的持续时间短,排沙方案无法实施;2005年以后,流量大于800 m^3/s的持续时间明显增加,可适当安排主汛期排沙运用。凌汛开河期来水量相对较大,持续时间较长有利于水库排沙。

（3）万家寨水库的淤积为三角洲形态，目前三角洲顶点已推进到距坝 22 km 附近。至 2010 年 10 月，万家寨水库已淤积泥沙 4.135 亿 m^3，剩余淤沙库容 0.375 亿 m^3。整个三角洲淤积体分布在距坝 60 km 范围以下，坝前（距坝 20.00 km 以内）仍剩余 0.280 亿 m^3 左右的死库容未淤积，距坝 30～60 km 已接近设计淤积平衡高程，距坝 60 km 以上库区基本冲淤平衡，局部河段高于设计淤积平衡线，应值得注意。水库淤积呈现出"汛期淤积，非汛期桃汛洪水冲刷调整"的特点。

（4）通过对万家寨水库实测水位资料和纵剖面形态综合分析，可以确定万家寨水库在敞流期时不同坝前水位的直接影响范围：坝前水位 970 m 时，回水一般直接影响到距坝 57 km（WD57 断面）附近；坝前水位 975 m 时，回水一般直接影响到距坝 63 km（WD61 断面）水泥厂附近；坝前水位 980 m 时，回水一般直接影响到距坝 72 km（WD65 断面）附近，即设计的库尾末端。

（5）万家寨水库泥沙淤积与入库水沙条件密切相关。水沙量的增加加重了汛期水库的淤积，但却有利于非汛期淤积形态向坝前调整；大于 1 000 m^3/s 流量过程持续时间越长，越有利于泥沙冲刷调整。

（6）万家寨水库泥沙淤积与水库运用方式密切相关。坝前水位高，淤积重心偏上；坝前水位低，淤积重心偏下，有利于冲刷调整和水库排沙。

（7）拐上断面冲淤与水沙条件有关。拐上断面的淤积面积随来水量、来沙量的增大也呈减小趋势，来水量、来沙量越大，淤积面积越小。大于 1 000 m^3/s 流量过程持续时间越长，断面淤积量越小，大于 1 000 m^3/s 流量过程持续时间越短，断面淤积量越大。

目前，万家寨水库运用没有对拐上断面造成影响，拐上断面附近河段基本属天然河道。鉴于水库高水位运行持续时间短，实测资料在分析运用水位对拐上断面的影响时存在局限性，该结论有待进一步论证。

（8）由于 1987 年以来头道拐水文站全年最大流量绝大多数年份（1988 年、1989 年、1994 年除外）均出现在凌汛开河期，特别是 1999 年以来头道拐水文站全年最大流量均出现在凌汛开河期，在主汛期洪水场次减少和洪峰流量减小的情况下，凌汛开河期洪水过程对库区冲淤和河床演变起到至关重要的作用。

（9）万家寨库区非汛期的冲淤变化主要受入库水沙条件和水库运用方式两方面的影响。开展桃汛试验阶段，万家寨水库凌汛期采取"先蓄后放"或"先泄后蓄再放"的运用方式。对开展桃汛试验前后两个时段非汛期入库水沙条件和水库运用方式的分析，结果显示，开展桃汛试验的 2006～2010 年时段，非汛期最高运用水位和最低运用水位比 2002～2005 年的非试验时段分别降低 0.34 m 和 3.14 m，虽然平均运用水位抬升 1.47 m，但是在非汛期入库水量、沙量和平均含沙量都增加的情况下，万家寨库区非汛期淤积量不但没有增加反而有所减少，说明试验期间水库这种调度运用方式，没有增加万家寨库区的淤积。

（10）通过对万家寨库区桃汛期排沙分析，2006～2010 年开展利用桃汛洪水冲刷潼关高程试验期间，由于适当调整了桃汛期运用方式，排沙比显著增加，最小排沙比为 66.39%，最大排沙比达到 428.57%，多年平均达到 187.10%。因此，在黄河干流主汛期不来大洪水没有机会排沙的情况下，桃汛期洪水的运用方式，对库区排沙，调整库区淤积形态,减少库区淤积,恢复有效库容是非常有利的。

(11)应改变万家寨水库桃汛期的运用方式。随着万家寨水库不断淤积,库区死库容淤满之后,桃汛期入库水流含沙量相对较大,为了防止库尾淤积,桃汛洪水期水库尽量不要蓄水,保持进、出库平衡运用,避免水库淤积发生"翘尾巴"现象。改变万家寨水库桃汛期的运用方式,并成为常规性的调度运用方案,以简单、有效、负效益最小为原则,以恢复万家寨水库建库前进入下游的桃汛洪水过程为主,利用万家寨水库的蓄水补给实现锦上添花。当桃汛洪水开始进入万家寨水库时,在保证库区防凌安全的前提下,控制万家寨适当的库水位不变,使水库进、出库流量平衡,在头道拐水文站实测洪峰流量出现后,开始降低万家寨的库水位在洪峰附近段适当补水,增大进入下游的桃汛洪峰流量,实现锦上添花,增加桃汛洪水冲刷降低潼关高程的效果。

5.4.2　建　议

5.4.2.1　尽快开展万家寨水库排沙期和后汛期运用方式研究

按照万家寨水库设计,在水库泥沙淤积达到一定程度后,为保持水库泥沙的动态冲淤平衡,水库设计采用"蓄清排浑"运用方式,每年 8 ~ 9 月为排沙期,水库保持低水位运用。当入库流量小于 800 m^3/s 时,库水位控制在 952 ~ 957 m,进行日调节发电调峰;当入库流量大于 800 m^3/s 时,库水位保持在 952 m 运行,电站转为基荷或弃水带峰,当水库淤积严重,难以满足日调节所需库容时,在入库流量大于 1 000 m^3/s 情况下,库水位短期降至 948 m 冲沙,冲沙 5 ~ 7 d。

另外,当前万家寨水库后汛期(9 ~ 10 月)限制运用水位 974 m 是基于利用原设计 2 亿 ~ 3 亿 m^3 尚没有淤积的堆沙库容。鉴于目前万家寨水库死库容已经基本淤满,进入水库正常运用期,该运用方式已经失去了依据。

近期黄河上游水沙特性发生了较大变化,主汛期头道拐水文站长时期处于小流量低含沙量过程,且多数年份大流量发生在桃汛洪水期间,水库已成功开展了桃汛洪水排沙的实践。因此,有必要开展 8 ~ 9 月和后汛期水库运用方式的研究,以实现水库有效减淤、综合效益最大的目标。

5.4.2.2　加快进行古贤水库建设

在目前黄河干流汛期洪水量大幅度减少的情况下,利用有限的桃汛洪水,仅通过万家寨水库调节补充的水量非常有限,增加了万家寨水库塑造优化桃汛洪水过程的难度。因此,为了增加黄河中游水库水沙调控能力,有效减少黄河小北干流河道淤积和降低潼关高程,应尽快建设古贤水利枢纽,完善中游水沙调控体系,为全河治理提供保证。

第6章 万家寨水库冰凌数学模型研究

冰凌数学模型以河冰生消物理机制为基础,根据水动力学、热力学、水文学等物理方程,对冰情发生、发展等过程中的各有关要素进行模拟和预报。利用河道冰凌数学模型,进行各种数值试验,可以分析气候变化、水库运用、河道冲淤等因素对封冻河道水位、流量过程的影响,从而为凌汛期水库优化调度提供技术支持。

本章以河道断面测量和冰凌专项观测资料为基础,建立该河段河冰生成演变的冰凌数学模型,并对冰凌数学模型进行参数率定、验证;在此基础上进行数值试验,分析研究凌汛封河期万家寨水库运用水位对头道拐断面流量过程的影响,寻找封河期对头道拐断面的水位、流量具有显著影响的万家寨水库运行水位;分析万家寨水库运用对黄河内蒙古河段冰情的影响,为防凌决策提供科学参考依据。研究成果可以与第3章"头道拐水文站小流量过程变化及影响因素"研究结论相互印证,为水库运用提供更好的技术支持。

6.1 河冰数学模型概述

在现场调研查勘、河道断面测量和凌情专项观测的基础上,针对黄河头道拐至万家寨河段边界弯曲复杂等特点,研制万家寨水库冰凌数学模型。冰凌数学模型的计算域为三湖河口至万家寨水库大坝,全长414 km。其中,头道拐断面至三湖河口河段全长300 km,采用一维河冰模型;万家寨水库至头道拐断面全长114 km,采用二维模型。

6.1.1 一维河冰模型

以时间和流动距离为自变量,以水深、断面平均流速、断面平均水温、断面平均水中冰密度及浮冰密度作为基本因变量,根据质量守恒、动量守恒和能量守恒原理,建立了基本控制方程组,冰的本构关系和大量经验参数则借助于前人的工作。一维河冰模型主要包括:水流模型、热力模型和冰冻模型。水流模型用于计算河道中流场和其他水力要素;热力模型用于计算水体热交换,水温分布和降温过程,包括热交换模型,水流温度场模型,浮冰、水中冰、岸冰计算模型;冰冻模型用于模拟冰冻的产生、输运发展和消融过程。

本模型曾经利用黄河河曲段冬季观测资料进行了验证,计算结果与实测资料吻合较好。

6.1.1.1 河道水流模型

水流模型用于计算河道中流场和其他水力要素。本研究不同于一般河道非恒定流计算之处是:本研究建立了既能求解畅流期的流量与水位过程,也能求解在有冰盖情况下的流量与水位过程的数学模型,同时该模型还能求解棱柱形河槽和非棱柱形河槽。本研究采用特征差分和时间序列插值的计算方法求解。

1. 河道冰水动力方程

由分层流理论可得到以水深和流速表示的基本方程组。

连续性方程：

$$A \frac{\partial v}{\partial x} + vB \frac{\partial h}{\partial x} + B \frac{\partial h}{\partial t} + v\left(\frac{\partial A}{\partial x}\right)_h = 0 \tag{6-1}$$

运动方程：

$$\frac{1}{g} \frac{\partial v}{\partial t} + \frac{v}{g} \frac{\partial v}{\partial x} + \frac{\partial h}{\partial x} + S_f - S_0 + \frac{\rho_i}{\rho} \frac{\partial h_i}{\partial x} = 0 \tag{6-2}$$

式中：A 为水流的净过流面积；x、t 分别为距离、时间；B 为水面宽度；h 为水深；S_0 为底坡；h_i 为冰盖厚度；ρ_i 为冰的密度；ρ 为水的密度；v 为平均流速；S_f 为摩阻坡度，是作用于单位质量液体上的阻力，河道中形成冰盖，这时的阻力应由两部分组成，即水流与床面的摩擦切应力和水流与冰盖下表面的摩擦切应力；$\left(\frac{\partial A}{\partial x}\right)_h$ 为由于非棱柱形河槽展宽面而增加的面积，对于棱柱形河槽该项为零。

联解方程组并使其符合初始条件和边界条件，就可得出冰盖下水流的流速与水深随流程和时间的变化关系。

式(6-1)和式(6-2)属于一阶拟线性双典型偏微分方程组，目前尚无普遍的积分求解方法。应用特征差分理论，可以把上述偏微分方程组转化为四个常微分方程并沿特征线进行求解。

通过线性组合将式(6-1)和式(6-2)化为常微分方程。由于式(6-1)各项具有量纲 $\left[\frac{L^2}{T}\right]$，式(6-2)各项为无量纲，所以在组合过程中以某量 λ 与运动方程相乘再与连续性方程相加，λ 具有量纲 $\left[\frac{L^2}{T}\right]$，即

$$L = \frac{\lambda}{g}\left[\frac{\partial v}{\partial t} + \frac{A + \frac{\lambda v}{g}}{\frac{\lambda}{g}} \frac{\partial v}{\partial x}\right] + B\left[\frac{\partial h}{\partial t} + \frac{vB + \lambda}{B} \frac{\partial h}{\partial x}\right] + \lambda\left(S_f - S_0 + \frac{\rho_i}{\rho} \frac{\partial h_i}{\partial x}\right) + v\left(\frac{\partial A}{\partial x}\right)_h = 0$$

$$\tag{6-3}$$

令 $\frac{\partial v}{\partial t} + \frac{\partial v}{\partial x} \frac{\mathrm{d}x}{\mathrm{d}t} = \frac{\mathrm{d}v}{\mathrm{d}t}, \frac{\partial h}{\partial t} + \frac{\partial h}{\partial x} \frac{\mathrm{d}x}{\mathrm{d}t} = \frac{\mathrm{d}h}{\mathrm{d}t}$，则有下列常微分方程组：

$$\frac{\mathrm{d}v}{\mathrm{d}t} + \frac{g}{C} \frac{\mathrm{d}h}{\mathrm{d}t} + \frac{vC}{A}\left(\frac{\partial A}{\partial x}\right)_h + g\left(S_f - S_0 + \frac{\rho_i}{\rho} \frac{\partial h_i}{\partial x}\right) = 0 \tag{6-4}$$

$$\frac{\mathrm{d}x}{\mathrm{d}t} = v + C \tag{6-5}$$

$$\frac{\mathrm{d}v}{\mathrm{d}t} - \frac{g}{C} \frac{\mathrm{d}h}{\mathrm{d}t} - \frac{vC}{A}\left(\frac{\partial A}{\partial x}\right)_h + g\left(S_f - S_0 + \frac{\rho_i}{\rho} \frac{\partial h_i}{\partial x}\right) = 0 \tag{6-6}$$

$$\frac{\mathrm{d}x}{\mathrm{d}t} = v - C \tag{6-7}$$

式中，$C = \sqrt{\frac{gA}{B}}$，由上述常微分方程组可得到沿特征线求解的差分方程组。

2. 冰期河道阻力的确定

河道中形成冰盖,此时阻力由两部分组成:水流与床面的摩擦切应力和水流与冰盖下表面的摩擦切应力。若用曼宁公式来表达式(6-2)中的阻力项,即

$$S_f = \frac{Q^2 n_c^2}{A^2 R^{4/3}} \tag{6-8}$$

式中:R 为封冻时的水力半径;n_c 为复合糙率系数,反映河道床面糙率 n_b 和冰盖底部糙率 n_i 的综合糙率。

结冰河道的糙率是反映河道阻力大小的主要参数,特别是对于大型河道,冰盖阻力所产生的影响比起冰盖厚度的影响要大得多。采用 Sabaneev 公式计算复合糙率系数,即有

$$n_c = \left[\frac{P_b n_b^{3/2} + P_i n_i^{3/2}}{P} \right]^{2/3} \tag{6-9}$$

式中:P_b、P_i 分别为水流、冰盖的湿周,$P = P_b + P_i$。

河道床面糙率 n_b 根据明流期实测资料确定。冰盖底部糙率 n_i 与水流条件、冰情和气候条件等有关。冰盖初始形成,底部糙率值较高,随着水流的冲刷,冰盖底部逐渐光滑,冰盖底部糙率值逐渐递减,并趋于某一定值。Nezhikhovkiy 于 1964 年总结了苏联大量的实测资料,提出了冰盖底部糙率具有随时间呈指数衰减的变化特征,并给出了以下概化时间模型:

$$n_i = n_1 + (n_0 - n_1) e^{-kt} \tag{6-10}$$

式中:n_0 为冰盖初始形成时底部糙率(即稳封初期冰盖底部糙率);n_1 为封冻末期冰盖底部糙率(或当冰屑消失时),此时,n_i 值基本上保持不变(为常数),等于 $0.008 \sim 0.012$(光滑冰盖);t 为封冻后的天数(自初封起算);k 为衰减指数,k 值大小视寒冬、平冬和暖冬,以及封冻程度,会有所不同。

n_0、n_1 值需根据实测资料率定。南水北调中线工程采用 $n_i = 0.03$(封冻初期)~ 0.008(封冻后期),也有一些包括美国的研究者采用一定值,如取 $n_i = 0.04$。

根据我国黄河中上游、松花江、牡丹江、嫩江等共 13 站量测资料,针对冰盖底部有无冰花堆积两种情况,采用冰盖底部糙率随时间变化计算模型:①有冰花堆积,$n_i = 0.013\,53 + 0.050\,73 e^{-0.107\,78t}$;②无冰花堆积,$n_i = 0.019\,37 + 0.051\,6 e^{-0.064\,62t}$。

6.1.1.2　热交换模型

冬季河槽的温度状态取决于水(冰)体与周围环境之间不停发生的热交换。这一热交换决定了渠道水流初期的冰情和以后的冰情发展。冬季,河道的温度状态主要取决于水体与周围环境不停发生的热交换。影响水流热平衡的因素很多,从其作用的性质可分为增热因素和减热因素。一般以使水体增热为正。各水流热平衡因素常用单位水面上单位时间内热的交换量来度量,单位为 W/m^2。

河道中水体热交换包括水与大气的热交换 S_1、水与河底的热交换 S_2、水与冰盖热交换 S_3 等。其中,S_1 在水体与周围环境介质的交换中起着主导作用。在严寒的冬季,无论是夜间还是白天,水体吸入热量一般小于实际向外散失的热量,因此热交换量 $\sum S = S_1 + S_2 + S_3$,一般为负值。

热力交换模型中的各热通量根据《凌汛计算规范》(SL 428—2008)计算确定。

6.1.1.3 水流温度场模型

水流温度是冰情研究的重要组成部分。水面初冰是水体表面薄层的水温降低到 0 ℃ 的结果,水面封冻是水体向水面传热和水面向大气散热相平衡的结果。这两种热量的数值均与水流温度有关。水面终冰是冰厚消融到零的结果,而在冰厚消融的计算中也需要知道水温。因此,水流温度在冰情的发生、发展和消失过程中一直起着重要作用,其计算十分重要。一维时均水流非恒定温度场的微分方程为:

$$\frac{\partial}{\partial t}(\rho C_{p} A T) + \frac{\partial}{\partial x}(Q \rho C_{p} T) = \frac{\partial}{\partial x}\left[A E_{x} \rho C_{p} \frac{\partial T}{\partial x}\right] + B \sum S \qquad (6\text{-}11)$$

式中:C_p 为水的比热;ρ 为水的密度;T 为水温;Q 为流量;E_x 为综合扩散系数,也称混合系数;A 为过流断面面积;B 为水面宽度;$\sum S$ 为水流与周围环境的热交换通量。

应用特征差分和时间序列内插方法进行数值计算,从而得到水流温度随时间、空间变化规律。此研究结果既可以进行水流温度计算,又可用于水流温度及冰情的预报。

6.1.1.4 浮冰、水中冰、岸冰计算模型

根据现有浮冰、水中冰、岸冰形成及发展的分析和研究结果,建立计算模型。

1. 浮冰的形成

浮冰的形成取决于水面温度和紊动强度。浮冰和水中冰的判别法则:①$T_{ws} \geqslant 0$ ℃, 不出现冰情。②$T_{wd} \geqslant 0$ ℃:若 $T_{ws}^{c} < T_{ws} < 0$ ℃ 且 $v_{b} \geqslant v_{z}$,出现表面浮冰;若 $T_{ws} < T_{ws}^{c}$,出现大块表面浮冰。③$T_{wd} \leqslant 0$ ℃,出现水中冰。其中,T_{ws}^{c} 为临界水面温度;T_{ws} 为水面温度;T_{wd} 为水深平均温度。

2. 浮冰、水中冰的沿程分布

当水温达到 0 ℃ 左右时,如继续失去热量,冰就开始形成,此时称为冰期起始时刻,水体中出现浮冰和水内冰。浮冰体积浓度(体积分数)时空分布由以下一维对流 – 扩散方程表示

$$\frac{\partial}{\partial t}(A C_{s}) + \frac{\partial}{\partial x}(Q C_{s}) = -\frac{B}{\rho_{i} L_{i}} \sum S + \alpha \left(1 - \frac{v_{z}}{u_{i}}\right) C_{c} \qquad (6\text{-}12)$$

水中冰体积浓度(体积分数)的时空分布为

$$\frac{\partial}{\partial t}(A C_{c}) + \frac{\partial}{\partial x}(Q C_{c}) = -\frac{B}{\rho_{i} L_{i}} \sum S - \alpha \left(1 - \frac{v_{z}}{u_{i}}\right) C_{c} \qquad (6\text{-}13)$$

式中:C_s 为面冰体积浓度;C_c 为水中冰体积浓度;ρ_i 为冰的密度;L_i 为结冰潜热;α 为水内冰转变为浮冰的比例系数;u_i 为浮力作用所产生的冰粒上浮速度。

3. 静状冰和岸冰的形成与发展

静状冰一般指生成于河道缓流区的岸冰,由冰晶在过冷却表层形成且停滞在水面,并以较缓慢速率生成。其生成及消融受热力因素影响较大。

当岸冰形成后,由于水面浮冰积聚,岸冰将沿横向(河道宽度)发展。岸冰横向增长取决于浮冰块与岸冰接触时的稳定性。一般来说,岸冰宽度的增长率与流冰密度成正比。Michel 等通过对圣·安纳河道中的冰情观测,发现影响岸冰产、成及发展有五个基本因素:局部热交换、近岸流速、流冰密度、河段的几何形状以及水深,并进一步提出了岸冰增长的计算公式:

$$\Delta W = \frac{14.1 \sum S}{\rho L_i} \left(\frac{v}{v_c} \right)^{-0.93} N^{1.08} \tag{6-14}$$

式中：ΔW 为给定时段内岸冰宽度的增量；v_c 为浮冰黏附于岸冰的最大允许流速；N 为流冰面密度。

v_c 值的确定与水流条件和流冰情况有密切的关系，取决于浮冰块与岸冰接触时的稳定情况。浮冰块与岸冰接触时的稳定与否取决于两者的合力。

6.1.1.5　冰盖形成和发展模型

当河道某一断面上的面冰流量超过该断面的面冰输冰能力时，就会出现面冰堵塞。受此影响，自上游不断向下输运的冰花即从此平铺上溯，于是该河段形成初始封冻冰盖。

初始冰盖一旦形成，便将通过积聚上游的来冰逐渐向上游推进。其推进速度取决于上游来冰情况、冰盖体前沿厚度及水流条件等。河流中冰盖向上游发展的基本形式有三种：冰盖并置推进（平封或冰块拼接）、水力增厚推进（窄封或窄河冰塞）、机械增厚推进（紧冰型推进，或宽封或宽河冰塞）。

1. 并置推进模型

满足冰盖并置推进的水流条件，采用 Pariset 和 Hausser 于 1961 年提出的向下旋转并潜没的临界弗劳德数，或称第一临界弗劳德数 Fr_1 判别：

$$Fr_1 = \frac{v}{\sqrt{g\,\overline{h}}} = f\left(\frac{t_i}{L_i}\right)\left(1 - \frac{t_i}{h}\right)\sqrt{2\,\frac{t_i}{h}(1 - e_j)\left(1 - \frac{\rho_i}{\rho}\right)} \tag{6-15}$$

式中：$f\left(\dfrac{t_i}{L_i}\right)$ 为冰块的形状系数，取 0.66～1.3；t_i 为冰块厚度（平衡初始厚度）；L_i 为冰块长度；h 为水深；v 为冰盖前沿断面流速；ρ_i 为冰的密度；ρ 为水的密度；$e_j = e_p + (1 - e_p)e_c$，为冰盖体整体孔隙率，其中 e_c 为单个流冰块的孔隙率（≈ 0.4），e_p 为流冰块间的堆积体孔隙率（≈ 0.4）。

冰盖推进速度由面冰流量质量守恒确定，冰盖前沿的推进速度为

$$v_p = \frac{Q_{is} - Q_{iu}}{Bh_0(1 - e_j) - \dfrac{Q_{is} - Q_{iu}}{v_s}} \tag{6-16}$$

式中：v_p 为冰盖前沿推进速度；B 为岸冰之间的明流水面宽度；Q_{is} 为面冰层的输冰体积流量；Q_{iu} 为冰盖推进前沿面冰下潜的体积流量；h_0 为新形成的冰盖前沿厚度；v_s 为到达冰盖推进前沿的面冰平均行进速度。

当冰盖前沿的水流弗劳德数小于 Fr_1 时，冰盖以积聚形式向上游推进。

由式（6-15）可见，冰盖向上游发展过程中，积聚冰盖厚度存在某一极限值。

如果水流弗劳德数超过临界弗劳德数，冰盖前沿将停止向上游发展，上游来冰将潜入冰盖下，并堆积在冰盖底部，形成冰塞。随着冰塞体厚度不断增加，上游水位壅高，同时流冰潜入冰塞下所需的弗劳德数增大。当其厚度达到一定值后，上游流冰不再下潜，此时冰层前沿继续向上游推进。

当 $\dfrac{t_i}{h} = \dfrac{1}{3}$ 时，由式（6-15）得到：

$$Fr_2 = f\left(\frac{t_i}{L_i}\right) \times 0.156\,8\,\sqrt{1 - e_j} \tag{6-17}$$

2. 水力增厚推进

当冰盖前沿的水流弗劳德数超过临界弗劳德数时,单一冰块厚度的并置推进将不可能维持。这时冰盖将以水力增厚,即以窄河冰塞的方式向前推进。上游下来的流冰将会在冰盖前沿附近下潜,潜入冰盖底部并在附近堆积,形成大于单个流冰块厚度的冰盖层,导致冰盖厚度增加、前沿水位壅高、底部水流分离。

在时段 Δt 内,长度 Δx 的河段上的冰盖层厚度变化为:

$$\Delta h_i = \frac{Q_{is}}{B}\frac{\Delta t}{\Delta x} \tag{6-18}$$

浮冰块潜入冰盖底部所需的水流流速随冰盖厚度的增加而增加。因此,当冰盖前沿来流一定时,随着冰盖前沿厚度的逐渐增加,水流弗劳德数逐渐下降,当小于第一临界弗劳德数时,冰盖前沿继续向前推进。

3. 紧冰型推进

在宽河中作用于冰盖的纵向作用力可能会超过岸边阻力,使冰盖破坏,然后又插堵堆积,冰盖增厚,直到达到平衡为止。平衡条件为:

$$2(\tau_c t_i + \mu_1 f)\Delta x = (\tau_i + \tau_g + \tau_{ai})B\Delta x \tag{6-19}$$

式中:t_i 为冰盖厚度;f 为冰盖纵向受力;τ_i 为水流作用于冰盖底部的剪切应力;τ_g 为沿冰盖方向的自重分力;τ_c 为岸壁阻力分力;B 为河宽;τ_{ai} 为沿冰盖的风成应力,$\tau_{ai} = C_{ai}\rho_a\,|\,\vec{v}_a\,|\,v_a\cos\theta_a$,$\rho_a$ 为气体密度,v_a 为风速,θ_a 为风速与河流下游方向夹角,C_{ai} 为与表面粗糙度有关的阻力系数($\approx 1.55 \times 10^{-3}$);$\mu_1$ 为岸边阻力系数,$\mu_1 = k_1\tan\varphi$,k_1 为侧向推挤系数(0.342),$\tan\varphi$ 为冰粒堆积的内摩擦系数($\varphi = 46°$)。

令 $\mu = \mu_1 k_1$,则由式(6-19)得到以下平衡冰盖体厚度的表达式

$$\frac{Bv_u^2}{\mu C^2 h^2}\left(1 + \frac{\rho_i t_i}{\rho R_d}\right) = -\frac{B\tau_{ai}}{g\rho\mu h^2} + \frac{2\tau_c t_i}{g\rho\mu h^2} + \frac{\rho_i}{\rho}\left(1 - \frac{\rho_i}{\rho}\right)\frac{t_i^2}{h^2} \tag{6-20}$$

式中:v_u 为冰盖下的水流流速;μ 为冰与冰之间的摩擦系数(近似取为 1.28);h 为水深;C 为谢才系数;R_d 为冰盖下水流的水力半径;ρ 为水体密度;ρ_i 为冰的密度;τ_c 为岸壁剪应力的凝聚力部分(融冰期可忽略),$\tau_c t_i \approx (75 \sim 91)\,lb/ft$;$\tau = 0.98\,\text{kPa}\,(100\,\text{kg/m}^2)$。

当河流中达到某一最大流量时,上述公式的解不存在,这时不可能形成稳定冰盖,这一条件给出如下公式:

$$\frac{Q^2}{BC^2 h^4} \le 2.8 \times 10^{-3} \tag{6-21}$$

6.1.1.6 冰盖下输冰和潜冰塞演变

潜冰塞是水内屑冰或上游来冰在冰盖底部堆积所形成的,它常常形成于较大流速明流段下游的冰盖体底部。本模型中,采用输冰能力理论来确定冰盖下潜冰的堆积。

根据现场观测和室内试验,Shen 和 Wang(1995)提出了冰盖下输冰能力公式:

$$\varphi = 5.487[\Theta - \Theta_c]^{1.5} \tag{6-22}$$

$$\varphi = \frac{q_i}{d_n v_{wi}} = \frac{q_i}{d_n F \sqrt{g d_n \Delta}}$$

$$\Theta = \frac{\tau_i}{F^2 \Delta \rho g d_n} = \frac{v_{*,i}^2}{F^2 g d_n \Delta}$$

式中：φ 为无量纲输冰能力；Θ 为无量纲水流强度；$\Delta = \dfrac{\rho - \rho_i}{\rho}$；$v_{wi}$ 为冰粒上浮速度；q_i 为单宽体积输冰流量；τ_i 为作用于潜冰塞底部的水流剪切力；$v_{*,i}$ 为潜冰塞底部的剪切速度；Θ_c 为无量纲临界剪切力（$\Theta_c = 0.041$）；F 为下沉速度系数，对于球形冰粒，其值近似等于 1.0；d_n 为冰粒的标称粒径。

由面冰疏密度计算结果即可确定冰盖推进前沿断面处进入封冻河段的单宽面冰流量 $q_{i,0}$：

$$q_{i,0} = C_a [h_i + (1 - e_f) h_f] v \qquad (6-23)$$

冰盖底部的冰流量连续方程为：

$$(1 - e_u) \frac{\partial t_f}{\partial t} + \frac{\partial q_i}{\partial x} - q_f^i = 0 \qquad (6-24)$$

式中：t_f 为潜冰塞厚度；q_i 为冰盖下表面上的单宽冰流量；e_u 为潜冰塞孔隙率；$q_f^i = \alpha v_b C_v - \beta h C_a$，为与悬移冰层之间的净交换冰流量。

当冰盖底部的挟冰超过挟冰能力时，屑冰将堆积在冰盖下表面；对于冲蚀情形，从堆积冰体上冲蚀下来的冰块将加入面冰流动。堆积和冲蚀均受可供冰量的限制。

在时段 Δt 内，长度 Δx 河段上，水内屑冰堆积或冲蚀引起的潜冰厚度的平均变化由以下方程计算：

$$\Delta t_f = \left(\frac{q_i^u - q_i^d}{\Delta x} + q_f^i \right) \frac{\Delta t}{1 - e_u} \qquad (6-25)$$

式中：上标 u、d 分别代表上、下游断面。

6.1.1.7 冰盖厚度热力变化模型

河道中形成连续冰盖体后，水体通过冰盖层热传导与大气交换热量。此时，水体失热速率明显减缓。水体失热主要体现在冰层厚度的增长，即冰盖体厚度将主要取决于冰和大气的热交换程度。此外，由于水流失去了过冷却的条件，所以封冻河段一般不再产生水内冰。

将河道视为由大气、冰、水和河床组成的一个完整封闭系统，根据系统热交换过程理论考虑详细的能量交换过程，从而研制冰层厚度热力变化模型。

冰盖内一维热传导方程为

$$\rho_i C_i \frac{\partial T}{\partial t} = \frac{\partial}{\partial z} \left(K_i \frac{\partial T}{\partial z} \right) + A(z, t) \qquad (6-26)$$

式中：T 为冰盖内的温度；ρ_i 为冰的密度；C_i 为冰的比热；K_i 为冰的热传导系数；$A(z,t)$ 为冰盖内的热源。

冰盖上表面的边界条件为

$$K_i \frac{\partial T}{\partial z} = \sum S - \rho_i L_i \frac{dh_i}{dt} \qquad (6-27)$$

式中：$\sum S$ 为气与冰表面的热通量损失；L_i 为冰的潜热；h_i 为冰盖厚度。

冰盖下表面的边界条件为：

$$K_i \frac{\partial T}{\partial z} = S_{wi} + \rho_i L_i \frac{dh_i}{dt} \tag{6-28}$$

式中：S_{wi} 为从水到冰的热通量。

式（6-26）～式（6-28）构成了非线性边值问题，由差分方法求解。

6.1.2　二维河冰模型

6.1.2.1　二维河冰模型概述

如前所述，河流冰情演变涉及水力、气象、热力、河道特征等众多因素。天然河道流动特性比人工渠道更为复杂，尤其是弯道流动，其水力要素、冰盖厚度及形状等并非均匀。近数十年来，研究者提出很多描述河道封冻过程的理论，并根据这些理论研制了不少模拟河道冰情的一维数值模型。一维河冰模型较适用于模拟顺直河渠中水流和冰情的断面平均值沿流程的变化。对于天然河道，水深、流速和冰盖厚度沿河宽方向的变化往往相当显著。因此，在进行冰情分析及数值模拟时，考虑物理量沿河宽的变化更为合理。所以，在河道断面观测资料满足要求的基础上，在头道拐至万家寨河段，建立了二维适体坐标系下的河冰数值模型。

1.河道水力学模型

为保证计算时无守恒误差，采用守恒变量形式的二维浅水控制方程。

取流程方向为 x，河宽方向为 y，考虑冰盖底部阻力作用，则二维非恒定流基本方程为：

$$\frac{\partial h}{\partial t} + \frac{\partial q_x}{\partial x} + \frac{\partial q_y}{\partial y} = 0 \tag{6-29}$$

$$\frac{\partial q_x}{\partial t} + \frac{\partial}{\partial x}\left(\frac{q_x^2}{h} + \frac{gh^2}{2}\right) + \frac{\partial}{\partial y}\left(\frac{q_x q_y}{h}\right) = hb'_x - gh\frac{\rho_i}{\rho}\frac{\partial t_i}{\partial x} = bx \tag{6-30}$$

$$\frac{\partial q_y}{\partial t} + \frac{\partial}{\partial x}\left(\frac{q_x q_y}{h}\right) + \frac{\partial}{\partial y}\left(\frac{q_y^2}{h} + \frac{gh^2}{2}\right) = hb'_y - gh\frac{\rho_i}{\rho}\frac{\partial t_i}{\partial y} = by \tag{6-31}$$

式中：ρ、ρ_i 分别为水、冰的密度；h 为水深；t_i 为冰盖厚度；u、v 为沿 x、y 方向流速分量；$q_x = hu$、$q_y = hv$ 为单宽流量。

2.水流温度场模型

二维时均非恒定水流温度场为二维对流扩散方程：

$$\frac{\partial}{\partial t}(\rho C_p A T) + \frac{\partial}{\partial x}(Q\rho C_p T) + \frac{\partial}{\partial y}(Q\rho C_p T) = \frac{\partial}{\partial x}\left(AE_x\rho C_p \frac{\partial T}{\partial x}\right) + \frac{\partial}{\partial y}\left(AE_y\rho C_p \frac{\partial T}{\partial y}\right) + B\sum S \tag{6-32}$$

式中：T 为垂线平均水温；C_p 为比热；A 为过流断面面积；Q 为断面总流量；B 为水面宽度；E_x、E_y 分别为沿 x 方向、y 方向的紊动扩散系数；$\sum S$ 为水流与周围环境介质的热交换通量，由热力模型计算得到。

3.浮冰、水中冰模型

根据分层输冰理论，明流河段中的流冰可分为面冰和悬浮于水中水内冰两类。浮冰密度(体积分数)和水中冰密度(体积分数)时空变化的控制方程分别为：

$$\frac{\partial C_s}{\partial t} + u\frac{\partial C_s}{\partial x} + v\frac{\partial C_s}{\partial y} = -\frac{B}{\rho_i L_i A}\sum S + \frac{\alpha}{A}\left(1 - \frac{u_z}{u_i}\right)C_c \qquad (6\text{-}33)$$

$$\frac{\partial C_c}{\partial t} + u\frac{\partial C_c}{\partial x} + v\frac{\partial C_c}{\partial y} = -\frac{B}{\rho_i L_i A}\sum S - \frac{\alpha}{A}\left(1 - \frac{u_z}{u_i}\right)C_c \qquad (6\text{-}34)$$

式中：C_s 为面冰体积浓度；C_c 为悬浮状水中冰体积浓度；L_i 为结冰潜热；α 为水内冰转为浮冰的百分比；u_i 为冰粒上浮速度；u_z 为水流紊动产生的垂向流速分量。

4. 冰盖向上游推进模型

根据面冰流量质量守恒，得到冰盖推进速度的表达式：

$$v_p = \frac{Q_s^i - Q_u^i}{B_0 t_i(1 - e_j) - \dfrac{Q_s^i - Q_u}{v_{scp}}} \qquad (6\text{-}35)$$

式中：B_0 为岸冰之间的明流水面宽度；e_j 为冰盖堆积体的整体孔隙率；Q_u^i 为冰盖推进前沿断面处面冰下潜的体积流量；Q_s^i 为面冰层的体积输冰流量；v_{scp} 为到达冰盖前沿断面的面冰河段平均的行进速度。

5. 冰盖下输冰模型

冰盖下输冰能力计算公式为：

$$\varphi = 5.487\left[\Theta - \Theta_c\right]^{1.5}$$

式中：φ 为无量纲输冰能力；Θ 为无量纲水流强度；Θ_c 为无量纲临界剪切力。

6. 岸冰宽度模型

当垂线平均流速 $\bar{u}$ 满足以下条件时，岸冰开始形成：

$$\bar{u} < \frac{\sum S}{1\,130(-1.1 - T)} - \frac{15W_a}{1\,130} \qquad (6\text{-}36)$$

式中：W_a 为水面以上 10 m 处的风速。

6.1.2.2　适体坐标变换方法

作为一种数值网格自动生成技术，适体坐标变换方法(简称 BFC)在计算流体动力学、航空动力学和热力学等领域得到了广泛应用。适体坐标系是一种曲线坐标系，不管边界如何复杂曲折，自动生成的网格线都可与边界重合，因此能精确表示复杂几何边界和相应的边界条件。求解问题变换在固定矩形正交网格系上进行，见图 6-1。运用贴体坐标变换求解偏微分方程问题的基本步骤如图 6-2 所示。

针对研究河段的特点，建立了二维适体坐标系统下的河冰数值模型。

6.1.2.3　计算方法和网格划分

采用 MacCormack 步进格式进行计算，每一步计算分预测步和校正步两步进行。边界条件包括上游流量过程线、下游水位过程线和给定水位 z 的法向梯度的固壁条件，流速采用不穿透条件和滑移条件。初始条件为计算开始时刻，计算域内流量、水位分布、水温分布、浮冰密度分布、水中冰密度分布和冰盖体厚度分布。

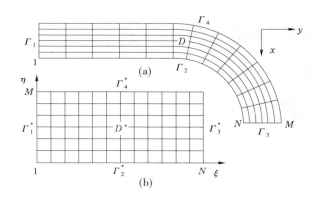

图 6-1 物理平面计算域及变换平面计算域

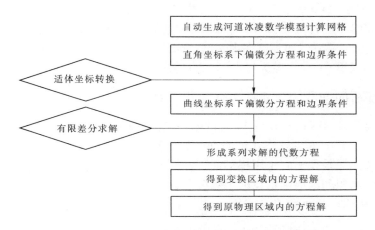

图 6-2 适体坐标法求解偏微分方程问题的主要步骤

计算区域为黄河头道拐—万家寨河段，即断面 WD00 ~ WD72，全长 114 km。模拟时间为封冻期，时间步长 900 s，运行时间约 50 h。采用贴体网格划分计算域。为了保证河工建筑物及弯道处小特征尺度的局部急变流场模拟的精细性，采用网格局部加密的方法，将细网格嵌入到所需的部位，以取得局部的空间分辨率。沿流程方向取为 x，沿河宽方向取为 y，坐标原点位于 WD00 断面右岸侧。原始贴体网格划分为 1 500 × 20（见图 6-3，沿 x 为 1 500 个网格，沿 y 为 20 个网格）。网格局部加密后最大网格尺寸为 80.5 m，最小网格尺寸为 2.6 m。

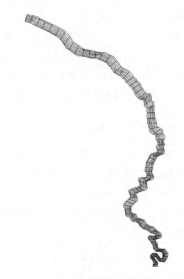

图 6-3 头道拐—万家寨河段计算网格

6.2 资料处理和参数计算

河道冰凌数学模型不仅需要研究区域气象、水文、冰情、河道地形等多种类型数据,而且要求观测数据具有较高的时空分辨率。因此,在河道冰凌数学模型建模工作中,资料处理和参数计算是最基础,也是最重要的工作。

6.2.1 基本资料收集和预处理

收集了从头道拐至万家寨46个实测断面数据及其水位流量等数据,12个冰情观测断面或自计水位观测点,三湖河口和头道拐水文站的断面地形、冰情观测数据。为缩短空间步长和时间步长,提高计算精度,通过插值增加计算断面。

万家寨水文站2006年、2007年两年的水文观测资料用作下边界条件计算。河曲气象站1954~2004年逐日观测资料(气压、最高气温、最低气温、水汽压、相对湿度、风速、降雨、日照、蒸发)、三湖河口和头道拐水文站2002~2010年逐日气象观测资料(最高气温、最低气温、平均气温、平均水温等)用于热力计算。

6.2.2 过流断面面积、湿周随水位变化关系

以2009年9月30日至10月15日的断面实测资料为基础,根据其断面测深垂线(每个横断面约50条测深垂线),采用微断面计算方法(其中,测深垂线与岸壁之间采用三角形面积计算,两测深垂线之间采用梯形面积计算),从而较为精确地确定该河段极为不规则的断面形状、面积和湿周随水位的函数关系,并分别建立相应的数据库,以及过流面积、湿周随水位变化的相应函数关系式。

6.2.3 河床断面平均纵向底坡

三湖河口—头道拐河段全长300 km,其中三湖河—画匠营河段长151 km,平均河宽4 000 m,主槽宽710 m,比降0.12‰;画匠营—头道拐河段长149 km,平均河宽3 000 m,主槽宽600 m,比降0.1‰。三湖河口—画匠营河段的河床高程差18.12 m,画匠营—头道拐河段的河床高程差14.9 m。三湖河口—头道拐河段的河床高程差33.02 m,平均纵坡为0.11‰。头道拐至万家寨河段正坡、逆坡、平坡交替变化,情况极为复杂,正坡大都为缓坡。

6.2.4 流动型态的判别

针对2009年10月冲淤平衡后的实测资料分析流动型态。计算中的面积、湿周均由前述的微断面法计算得到。量测时间为2009年9月30日至10月15日,对应的万家寨坝前水位 $Z_m = 973.40$ m,头道拐流量 $Q_头 = 546$ m^3/s。

计算结果表明,研究河段中的流动为紊流,且属于紊流粗糙区,流动为缓流,几乎所有的正底坡均为缓坡。

6.2.5 河床糙率计算

为了确定河段床面糙率 n_b,根据上述2009年10月冲淤平衡后的现场实测资料,并应

用前述的微断面方法精确确定过流断面面积、湿周。

采用两种方法推算床面糙率：①根据谢才公式及曼宁公式，由各断面的水深实测资料，得到断面之间（子河段）的河床平均糙率即曼宁粗糙系数 n 值；②根据实测所得的水面线反推河段量测断面之间的糙率值。其中，过流断面面积、湿周等由微断面精确计算所得。

两种方法计算得到的河段平均糙率值误差小于 3%，因此最终选取两者的平均值作为各子河段的平均糙率值，见表 6-1。

表 6-1　床面糙率计算结果

断面名称	距坝里程（m）	河底高程（m）	糙率值	断面名称	距坝里程（m）	河底高程（m）	糙率值
WD00	17	918.379	0.021	WD46	44 896	966.935	0.025
WD00 + 50	67	918.740	0.020	WD48	46 591	967.305	0.020
WD00 + 205	222	919.870	0.019	WD50	48 958	968.619	0.022
WD01	690	923.284	0.018	WD52	52 133	968.513	0.024
WD02	1 763	924.004	0.018	WD53	53 510	968.988	0.025
WD04	3 932	927.737	0.023	WD54	55 158	969.457	0.018
WD06	6 580	932.504	0.022	WD55	55 910	969.038	0.022
WD08	9 140	937.399	0.019	WD56	56 633	969.699	0.028
WD11	11 704	943.351	0.021	WD57	57 293	970.153	0.048
WD14	13 991	951.458	0.020	WD58	58 468	970.846	0.023
WD17	17 091	955.058	0.023	WD59	59 733	972.130	0.036
WD20	20 093	956.694	0.018	WD60	61 454	974.184	0.033
WD23	22 449	960.003	0.020	WD61	63 739	975.809	0.025
WD26	25 312	961.741	0.021	WD62	65 919	978.109	0.028
WD28	27 272	961.055	0.022	WD63	67 554	978.878	0.021
WD30	28 910	962.612	0.020	WD64	69 854	978.893	0.028
WD32	30 505	963.859	0.021	WD65	72 264	980.485	0.038
WD34	32 360	964.444	0.022	WD66	74 084	980.770	0.019
WD36	35 035	961.550	0.024	WD67	76 599	981.918	0.021
WD38	37 150	961.387	0.023	WD68	81 519	983.449	0.026
WD40	38 336	965.686	0.026	WD69	86 169	983.045	0.019
WD42	41 016	965.394	0.031	WD70	91 899	983.470	0.022
WD43	42 366	965.068	0.025	WD71	99 434	984.230	0.020
WD44	43 076	963.994	0.019	WD72	106 154	984.552	0.023

6.3　数值模型验证

针对三湖河口—万家寨水库河段的封冻过程进行了数值模拟，并将计算结果与实测资料进行对比,以验证模型的精确性及进行模型参数的率定。计算域为三湖河口至万家寨水库,全长 414 km。其中,三湖河口—头道拐河段,全长 300 km,采用一维河冰模型计算;头道拐—万家寨大坝河段,全长 114 km,采用二维河冰数值模型。数值模拟起止时刻为 2009 年 10 月 1 日至 2010 年 2 月 28 日,时间步长为 900 s。

6.3.1 初始条件

初始条件为计算开始时刻,计算域内的流量及水位沿程分布、水温沿程分布及面冰密度分布、水中冰密度分布和冰盖体厚度分布等。

6.3.1.1 流量及水位的初始沿程分布

根据初始时刻上游三湖河口断面边界条件($Q = 700 \ \text{m}^3/\text{s}, Z = 1\ 019.04 \ \text{m}$)、下游万家寨坝前对应的水位和流量边界条件($Q = 974 \ \text{m}^3/\text{s}, Z = 973.40 \ \text{m}$),通过长时间迭代运算,最终得到初始时刻的流场及水位。

6.3.1.2 水温初始沿程分布

根据三湖河口初始时刻的水温值($T = 3.8 \ ℃$,近似取 2009 年 11 月 1 日),由数值计算对流扩散方程得到。

6.3.1.3 初始冰沿程分布

根据三湖河口的水文、气象实测资料,可以确定初始时刻沿程的面冰密度、水中冰密度和冰盖体厚度为零,因此这三者的初值均取为零。

6.3.2 边界条件

一般来说,流场计算的边界条件为上游边界给定流量、下游边界给定水位(或水深)的组合边界条件。因为本研究现有的下游边界为流量过程即出库流量随时间的变化过程,所以采用上游水位、下游流量的水流组合边界条件。

边界条件包括上游三湖河口断面水位随时间的变化过程线、三湖河口断面水温随时间的变化过程,见图 6-4、图 6-5。下游为万家寨出库流量过程线(由流量值及断面推得平均水位值),见图 6-6。

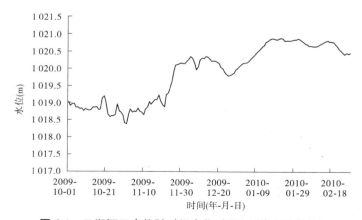

图 6-4　三湖河口水位随时间变化过程(上游边界条件)

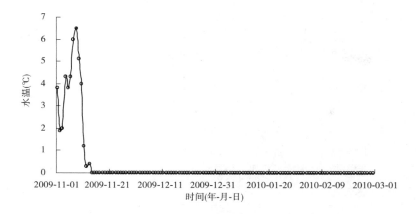

图 6-5　三湖河口水温随时间的变化过程

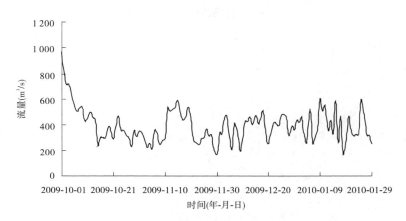

图 6-6　万家寨出库流量过程(下游边界条件)

6.3.3　计算结果及分析

6.3.3.1　水位及流量变化过程

　　由头道拐断面水位和流量变化过程的计算结果与实测值的比较(见图 6-7、图 6-8)可知,计算时域内头道拐断面水位变化范围为 986.4 ~ 988.7 m,流量变化范围为 200 ~ 900 m³/s。因此,6.4 节中数值试验选用头道拐流量变化范围为 200 ~ 1 000 m³/s,万家寨坝前水位的变化范围为 960 ~ 980 m。

　　图 6-9 为三湖河口断面流量实测值与计算值的比较,其中流量值的计算是根据计算所得的流速值,与三湖河口断面面积计算方法所得到的面积得到。三湖河口和头道拐断面,水位和流量的变化趋势是合理的,计算结果可信。另外,由于受下游万家寨水库的调度运行等因素的影响,两断面的水位、流量变化规律并不完全吻合。

　　图 6-10 ~ 图 6-13 分别为不同日期三湖河口—万家寨沿程断面平均水位计算值与实测值的比较。可以看出,计算结果与实测值基本一致。

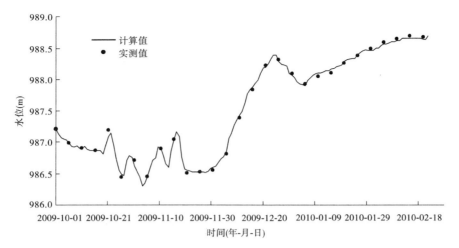

图 6-7　头道拐断面水位变化过程

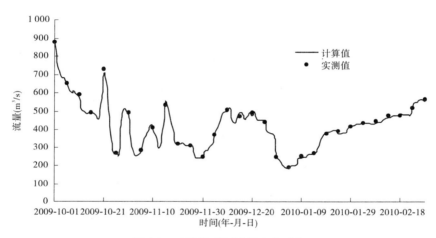

图 6-8　头道拐断面流量变化过程

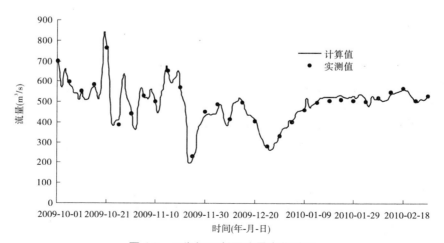

图 6-9　三湖河口断面流量变化过程

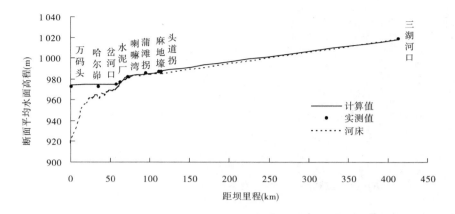

图 6-10　沿程断面平均水面高程(2009 年 11 月 1 日,畅流期)

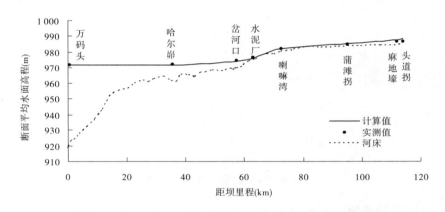

图 6-11　沿程断面平均水面高程(2009 年 11 月 16 日,流凌期)

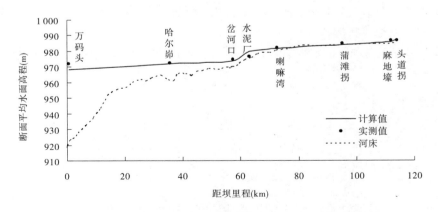

图 6-12　沿程断面平均水面高程(2009 年 12 月 1 日,封河期)

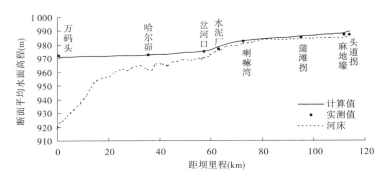

图 6-13 沿程断面平均水面高程(2010 年 2 月 1 日,稳封期)

6.3.3.2 头道拐断面冰盖体平均厚度

头道拐冰盖体断面平均厚度随时间变化如图 6-14 所示。实测资料表明,头道拐断面初封日期为 2009 年 12 月 31 日,计算结果则为 1 月 1 日,两者比较吻合。

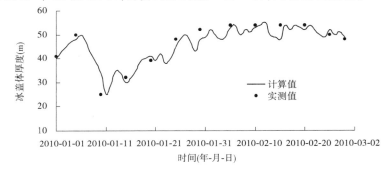

图 6-14 头道拐断面冰盖体平均厚度随时间变化

计算结果还表明,头道拐断面的冰盖厚度最大值并非出现在稳封期末期或开河前夕。这是由于距坝 67 km(大榆树湾)开始的上游河段为岸冰区,其封冻过程是以岸冰为主,铺冰上延。随着岸冰厚度逐渐增厚,并同时逐渐向河心发展,最终卡堵上游来冰,因此冰盖的初始平均厚度具有一定尺寸,而且要大于浮冰块的厚度,这与上游来冰在下游障碍物前出现滞留并诱发冰盖情况不同。

图 6-15 是头道拐断面流凌密度计算结果,图 6-16 是头道拐断面右岸岸冰宽度的计算

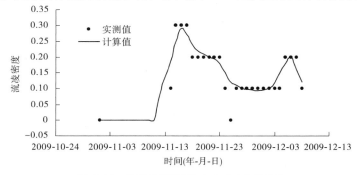

图 6-15 头道拐断面流凌密度(十分率)

结果,图 6-17 是头道拐断面左岸岸冰宽度的计算结果,图 6-18 是头道拐断面最大岸冰厚度的计算结果。从这些计算结果来看,量测结果呈阶梯状,而计算结果呈连续状。

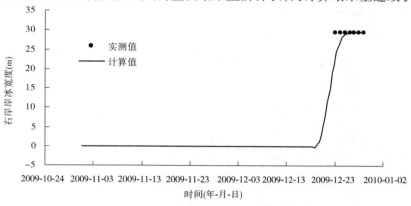

图 6-16　头道拐断面右岸岸冰宽度

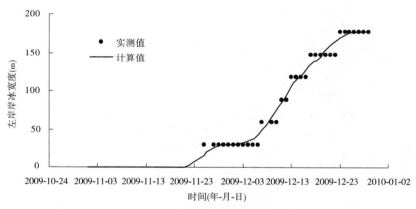

图 6-17　头道拐断面左岸岸冰宽度

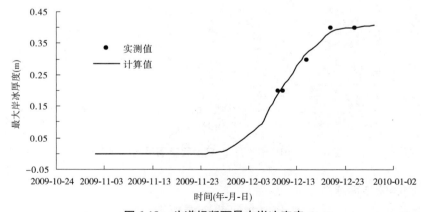

图 6-18　头道拐断面最大岸冰宽度

6.3.3.3　冰面高程沿程变化

图 6-19 ～ 图 6-21 给出的是封冻期不同时刻沿程冰面高程的计算结果。由图 6-19 ～

图 6-21 可见,随着时间增长,封冻前沿不断向上游推进。

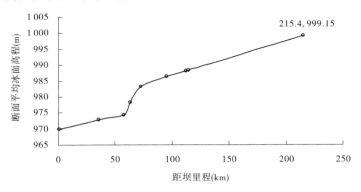

图 6-19　2010 年 1 月 7 日沿程断面平均冰面高程

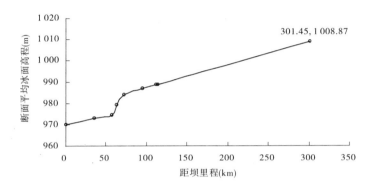

图 6-20　2010 年 2 月 7 日沿程断面平均冰面高程

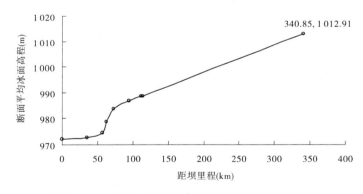

图 6-21　2010 年 2 月 28 日沿程断面平均冰面高程

6.3.3.4　喇嘛湾断面冰情

　　喇嘛湾是头道拐与万家寨大坝之间的重要断面,冰凌观测资料较多。图 6-22 ~ 图 6-26 为沿断面宽度方向左、中、右的冰盖底部水中冰堆积体(冰塞体)及最大堆积体厚度随时间的变化过程。图 6-26 ~ 图 6-29 为冰盖体厚度随时间的变化过程。

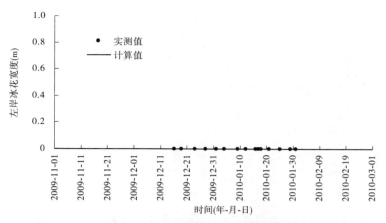

图 6-22　喇嘛湾断面左岸冰盖底部水中冰堆积体厚度（冰花厚度）
随时间的变化过程（起点距 100 m）

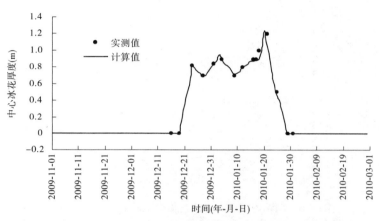

图 6-23　喇嘛湾断面中心位置冰盖底部水中冰堆积体厚度（冰花厚度）
随时间的变化过程（起点距 200 m）

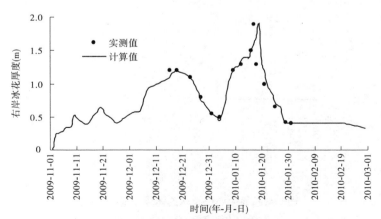

图 6-24　喇嘛湾断面右岸冰盖底部水中冰堆积体厚度（冰花厚度）
随时间的变化过程（起点距 300 m）

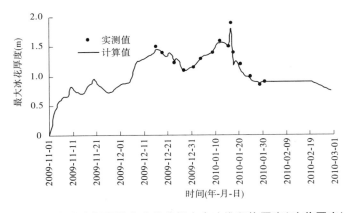

图 6-25　喇嘛湾断面最大冰盖底部水中冰堆积体厚度(冰花厚度)
随时间的变化过程

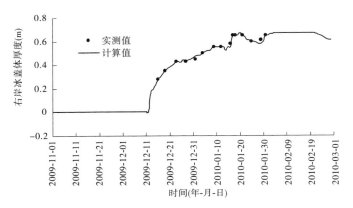

图 6-26　喇嘛湾断面左岸冰盖体厚度随时间的变化过程
(起点距 100 m)

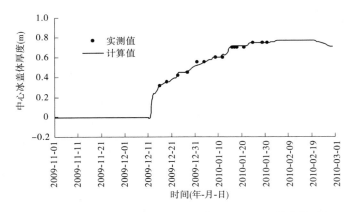

图 6-27　喇嘛湾断面中心位置冰盖体厚度随时间的变化过程
(起点距 200 m)

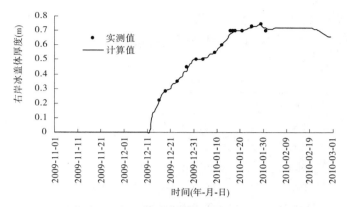

图 6-28　喇嘛湾断面右岸冰盖体厚度随时间的变化过程(起点距 300 m)

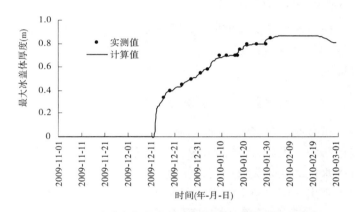

图 6-29　喇嘛湾断面最大冰盖体厚度随时间的变化过程

6.4　万家寨水库不同水位对头道拐水文站流量影响的研究

由于头道拐—万家寨为缓坡河道,水流为缓流,万家寨库水位抬高所产生的壅水效应必将往上游传递,可能会导致头道拐断面水位及流量发生变化。数值试验研究的目的是分析研究凌汛封河期万家寨水库不同运用水位对头道拐断面流量过程的影响,寻找可能对头道拐断面流量开始产生影响的库水位及相应影响程度。

6.4.1　数值试验的计算工况

如前所述,根据数值计算结果及现有实测资料(2009 年 10 月至 2010 年 10 月),可以初步确定封冻期头道拐水文站流量的变化范围为 200 ~ 900 m³/s。因此,数值试验选取头道拐水文站流量的变化范围为 200 ~ 1 000 m³/s。

考虑到万家寨坝顶高程 982 m,设计水库最高蓄水位 980 m,正常蓄水位 977 m,防洪限制水位 966 m。因此,针对每一个给定的上游流量,选取万家寨坝前水位的变化范围为 960 ~ 980 m。

计算工况如表6-2所示。在实际计算过程中,为了准确确定对应于某一流量的初始坝前水位,还通过适当增加计算工况,对坝前水位进行加密。同时,由于研究河段的过流断面形状极不规则,计算过程中常需要人为修正干涉,以期计算结果连续、不出现突变。

表6-2　计算工况

计算工况	上游流量(m³/s)	下游坝前水位(m)
工况1	200	960,965,970,971,972,973,974,974.77,975,980
工况2	300	960,965,970,971,972,973,973.72,974,975,980
工况3	500	960,965,970,971,972,972.80,973,974,975,980
工况4	800	960,965,966,967,968,969,970,970.63,971,975,980
工况5	1 000	960,965,966,967,968,969,969.53,970,975,980

注:上述计算工况为根据第三种计算方法的工况。

计算域为三湖河口水文站至万家寨大坝,全长414 km,其中三湖河口至头道拐全长300 km,头道拐断面距坝里程为114 km。三湖河口断面和头道拐断面平均河底高程分别为1 017.95 m、984.93 m。

6.4.2　万家寨水库坝前水位对头道拐流量影响的判别标准

现有资料的分析表明,三湖河口断面的流量变化情况不会受下游400 km远处的万家寨水库调度运行的影响。因此,计算的上游边界选为三湖河口。三湖河口断面、头道拐断面的面积及湿周随水位的变化关系由前述的分面积求和法确定。

如果万家寨大坝出库流量与上游来流相等,即河段内的流动为恒定流,则头道拐断面的水位与流量应一一对应,即呈单一性对应关系。但是,由于下游万家寨水库的调度运行,下泄流量与上游来流并不相等,其影响将往上游传递。分析认为,头道拐断面的水位—流量关系并非一一对应,即对应于某一流量值,有可能出现几个水位值(非单一性)。

为寻求正确的初始坝前水位值,选取了以下三种计算方法进行比较:

第一种方法:考虑到三湖河口—头道拐之间河段的纵向断面平均底坡均为缓坡,而且变化较小(其中三湖河口—画匠营河段长151 km,河床组成为粉沙,平均河宽4 000 m,主槽宽710 m,河床比降0.12‰;画匠营—头道拐河段长149 km,河床组成为粉沙,平均河宽3 000 m,主槽宽600 m,河床比降0.1‰)。同时,对2009~2010年三湖河口断面及头道拐断面水位过程的分析可知,头道拐断面的上游来流可以近似假定为均匀来流。因此,对于头道拐断面给定的某一流量,根据精确确定的过流断面面积、湿周、水力半径等水力要素,计算其相应的正常水深,即以头道拐断面的均匀流水深作为判别标准。

第二种方法:以三湖河口断面作为计算的上游边界,流量保持不变;头道拐断面作为下游计算边界,上、下游边界的流量相同,通过迭代运算,得到该河段的恒定流水面曲线,从而得到头道拐断面不受下游影响的水位值作为判别标准。

第三种方法:选取三湖河口断面为上游边界,断面流量保持不变。下游边界选取万家寨水库坝前断面(WD00),而且进出流量保持平衡,即出库流量与上游来流相同。对应于某一给定的上游流量,在上、下游边界条件保持不变的条件下,通过长时间的迭代运算,最终得到河段稳态的水面曲线及流场,由此得到相应的头道拐水文站水位值,定义为对应于某一流量的头道拐断面水位阈值。当下游库水位改变时,所产生的壅水效应将逐渐往上游传递,对应于下游产生的壅水效应恰好传递到达头道拐断面处,导致水位超过阈值,此时的坝前水位即为对应于对头道拐断面流量产生影响的初始坝前影响水位。

上述三种方法中的前两种方法计算量相对较小,但三者的计算结果有一定的相差。根据水动力学理论可知,尽管该研究河段总体上为缓坡,但实际上沿程河道不同纵坡(正、负、平坡)交替变化;另外,流动为缓流流动,实际流动过程中不可避免地要受到下游扰动的影响。因此,第三种计算方法的计算结果最为可靠。

6.4.3 头道拐水文站不同流量下水位阈值计算结果

根据上述第三种数值计算方法,得到头道拐断面在上游不同流量条件下的水位阈值的计算结果,见表6-3、图6-30。计算结果表明,随着上游流量增加,头道拐断面的水位阈值也相应增加,这与实际情况相一致。

表6-3 头道拐断面不同流量下的水位阈值

$Q_{头}$(m³/s)	200	300	500	800	1 000
水位 z_0(m)	987.74	987.96	988.25	988.61	988.83
水深 h_0(m)	2.81	3.03	3.32	3.68	3.90

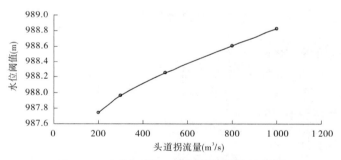

图6-30 头道拐断面不同流量下的水位阈值

6.4.4 万家寨水库坝前水位与头道拐水文站水位壅高的计算结果及分析

6.4.4.1 工况1(流量200 m³/s)

由于研究河段为缓坡河段,水流为缓流,因此随着万家寨水库坝前水位逐渐抬高,其壅水效应也逐渐往上游传递,并最终影响到头道拐断面的流动,导致该断面的水位、流量发生变化,见图6-31。对于头道拐断面流量 $Q = 200$ m³/s 的情况,当万家寨水库水位升高至974.77 m时,头道拐断面的水位开始出现壅高现象。

6.4.4.2 工况2(流量300 m³/s)

计算结果如图6-32所示。随着万家寨水库坝前水位的逐渐抬高,壅水效应逐渐影响到头道拐断面。对于头道拐断面流量 $Q = 300$ m³/s 的情况,当万家寨水库水位升高至973.72 m时,头道拐断面的水位开始出现壅高现象。

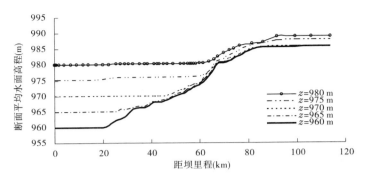

图 6-31　不同库水位下断面平均水位的沿程变化

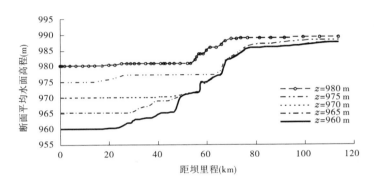

图 6-32　不同库水位下断面平均水位的沿程变化

6.4.4.3　工况 3(流量 500 m³/s)

万家寨水库坝前水位的逐渐抬高,其壅水效应也逐渐影响到头道拐断面,见图 6-33。对于头道拐断面流量 $Q = 500$ m³/s 的情况,当万家寨水库水位升高至 972.80 m 时,头道拐断面的水位开始出现壅高现象。

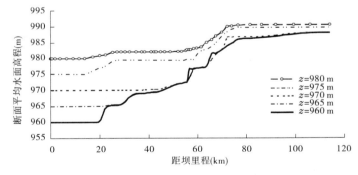

图 6-33　不同库水位下断面平均水位的沿程变化

6.4.4.4　工况 4(流量 800 m³/s)

随着万家寨库水位的逐渐抬高,其壅水效应也逐渐影响到头道拐断面,见图 6-34。对于头道拐断面流量 $Q = 800$ m³/s 的情况,当万家寨水库坝前水位升高至 970.63 m 时,头道拐断面水位开始出现壅高现象。

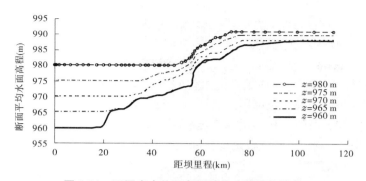

图 6-34　不同库水位下断面平均水位沿程变化

6.4.4.5　工况 5(流量 1 000 m³/s)

计算结果如图 6-35 所示。随着万家寨库水位的逐渐抬高,壅水效应也逐渐影响到头道拐断面的流动。对于头道拐断面流量 $Q = 1\,000$ m³/s 的情况,当万家寨水库坝前水位升高至 969.53 m 时,头道拐断面的水位开始出现壅高现象。

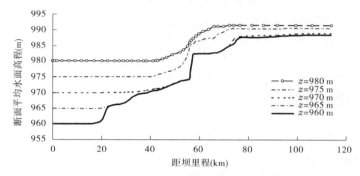

图 6-35　不同库水位下断面平均水位沿程变化

6.4.4.6　工况总结

通过针对表 6-2 所列工况的反复数值试验,获得了对应于上游不同流量条件下,对头道拐断面水流流动开始产生影响的万家寨初始坝前水位(见表 6-4)。将数值试验的计算结果进行曲线拟合,得到以下头道拐水文站流量与水库坝前影响水位的函数关系式:
$z_0 = -0.006\,5Q_头 + 975.92$,其相关系数 $R = 0.996$。

表 6-4　头道拐水文站流量与初始坝前影响水位的关系

头道拐流量(m³/s)	200	300	500	600	800	900	1 000
初始库前影响水位(m)	974.77	973.72	972.8	972.12	970.63	970.02	969.53

6.4.5　数模结论

(1)计算结果表明,在上游流量保持不变,而且下游进出流量平衡(即相等)的条件下,随着万家寨水库坝前水位逐渐抬高,所产生的壅水效应也逐渐往上游传播。这一水力现象与三湖河口—万家寨河段的纵坡总体为缓坡、水流为缓流,从而下游任何对流动的扰动都将往上游方向传播的水动力学特征相吻合。当这一壅水效应到达头道拐断面时,引起该断面的水位和流量发生变化。水位壅高,在流量保持不变的条件下,流速减小。

(2)对应于上游不同的来流量,头道拐断面有不同的水位阈值。上游流量较大时,其相应的坝前最低影响水位(即初始坝前水位)较小,即随着上游流量增大,对头道拐水流流动产生影响的初始坝前水位降低。其原因也许是由于当流量较大时,需要较大的水面比降以通过较大流量所致。从能量的角度分析,当下泄流量增加时,尽管均为缓流,但水流势能转变为动能加剧,从而导致水面比降增大。

(3)当万家寨水库坝前水位低于相应的初始坝前水位时,头道拐断面的水位不会超过相应的阈值,即不发生壅高现象;当坝前水位大于坝前最低影响水位时,头道拐处则将发生水位壅高。随着万家寨水库坝前水位逐渐升高,头道拐断面处的水位壅高现象一般更为显著。

(4)当头道拐断面因受下游影响而壅高水位时,将导致上游来流量减小,槽蓄水增量增加。从数值试验结果来看,在不考虑头道拐上游来流变化、河道边界条件变化等因素影响的前提下,当万家寨水库坝前水位运用超过相应的初始影响水位时,万家寨水库水位的抬高将开始影响头道拐断面的流动,造成头道拐断面水位壅高、头道拐断面的上游河段水面坡降变缓,从而导致流量变小,槽蓄水量增加;另外,这一壅水现象还将产生逆向流动效应,导致上游来流流速减缓、河床淤积及发生堆冰,并进而诱发冰塞体形成。万家寨水库坝前水位越高,头道拐水位壅高越大,则上游河段水面比降越缓,最终导致河段通过流量减小。

(5)数值计算过程中还出现两个现象:一是当下游万家寨水库流量进出保持平衡时(动库容),随着上游三湖河口和头道拐流量增加,三湖河口和头道拐断面的水位(水深)增加,但坝前水位反而降低,不同流量的水面线有时出现相交现象,但上游河段的水位差值小于下游河段的水位差值。例如,流量 $Q = 500$ m³/s 和 $Q = 800$ m³/s 的水面线的交点数次出现;$Q = 200$ m³/s 和 $Q = 800$ m³/s 水面线的交点首次出现在距坝里程约 57 km(岔河口,WD57)。二是对头道拐水文站流量过程产生影响的万家寨初始坝前水位,随着上游流量增加反而降低。

产生上述现象的主要原因可能是:一是由于水面比降增大以通过较大流量所致,计算结果表明,交点的下游河段的坡度比上游河段大(当两者均在缓坡的范围内);二是由于头道拐—万家寨河段纵坡交替变化、起伏较大,逆坡、平坡、顺坡交替出现。但从统计平均角度上看,均为缓坡。此外,断面形状极不规则,主流方向并不始终保持一致。计算结果表明,尽管河道的断面平均纵坡为缓坡,但下游河段比上游河段坡度要陡。弗劳德数的计算结果表明均为缓流,因此这一水面跌落并不属于水动力学中的跌水现象,即并非缓流过渡为急流,但在水面线相交点的下游附近,流量大所对应的水流弗劳德数大,例如流量 $Q = 800$ m³/s 时 $Fr = 0.2$,流量 $Q = 200$ m³/s 时 $Fr = 0.01$。这表明尽管水流始终均为缓流,但大流量所对应的弗劳德数增大,即为了增大下泄流量,水流势能转变为动能加剧,从而导致水面比降增大。

黄河万家寨库区及内蒙古河段凌情变化十分复杂,加上受现有冰凌资料情况和当前冰凌数学模型水平的限制,以上结论仅是这次数学模型计算的初步成果,建议还应进一步深入研究。

第7章 水库防凌调度

冰情是高纬度河流上的一种水文现象。在我国北纬30°以北的河流冬季常常出现封冻现象,如黄河、松花江、黑龙江等。黄河由于地理位置特殊,冰情不同于其他河流,凌灾严重,凌汛驰名中外。

黄河的上、中、下游许多河段都有冰情现象,其中宁蒙河段和黄河下游河段的河道是由低纬度流向高纬度,凌情最为严重。由于这两段河流从低纬度流向高纬度,纬度差均为3°以上。在封河时,下段温度低先封河,而上段处于流凌状态还未封河,上段流凌输送至下段受到阻塞,易形成冰塞;在开河时,上段先开河,而下段还处于封冻状态,上段大量流冰到达下段易形成冰坝。冰塞或冰坝堵塞河槽,壅高水位,形成漫溢或决口,造成灾害。

影响冰情的因素主要有热力因素、动力因素及河床边界条件。低纬度上的河流冬季温度高,一般形不成冰情;流量大,水动力强,不利于河流形成结冰;河道的束窄、弯曲、浅滩处,容易卡冰结坝,造成凌汛灾害。

黄河下游河道长786 km,是一不稳定的封冻河段,一般是每年一次封河一次解冻,少数年份两封两开甚至三封三开,有的年份还有不封冻现象,封冻长度相差较大。1951~2010年的60个凌汛年度中,有52年发生封河,最早封河日期为12月3日(1997年),最晚开河日期为3月18日(1969年),最多封冻时间为1967~1968年度的86 d,封河最长为1968~1969年度的703 km。据统计,黄河下游自1855年铜瓦厢决口改道为山东垦利入海至1938年的84年间,有27年凌汛决口。新中国成立后的1951年和1955年分别在山东利津的王庄和五庄决口,原因是凌情严重,防凌工程薄弱,经验不足。

三门峡水库建成后,通过水库的科学防凌调度,改变了黄河下游的被动防凌形势,大大减轻了黄河下游的凌灾损失与防凌压力。其中,下游发生了6次类似于1951年、1955年因凌汛决口的凌情,均由于实时调度了三门峡水库,利用批准的三门峡水库防凌库容进行调蓄,避免了黄河下游大堤决口的危害。

小浪底水库建成后,水库长期有效库容51亿 m³,其中防凌库容20亿 m³,三门峡水库承担15亿 m³ 的防凌库容。小浪底水库与三门峡水库进行联合防凌运用,基本解除了黄河下游的防凌威胁。

黄河宁蒙河段地处黄河流域最北端,冬季严寒而漫长,气温在0 ℃以下可持续4~5个月,最低气温可达-35 ℃以下,为稳定封河段。由于各年寒潮入侵早晚和强弱不同,历年流凌和封冻日期相差较大。一般是11月中旬开始流凌,12月上旬封河,翌年3月下旬开河,每年封河历时110 d左右。其中内蒙古封河长700多 km,宁夏河段历年封河长度不等,龙羊峡水库和刘家峡水库控制运用后,一般不超过200 km。

万家寨水库修建运用后,其库区河段由于比降变小,河道边界条件发生改变,使库区段由原来的不完全封冻变为每年冬季的完全封冻,封开河关键期容易形成冰塞冰坝,出现凌汛灾害。加上宁蒙河段堤防质量差,防洪(凌)标准低,河道淤积萎缩等因素,内蒙古黄河的防凌工作成了当前黄河,乃至全国每年防凌工作重点。

在影响冰情的热力、动力及河床边界条件的三个因素中,其中热力因素主要为气温,可以通过加强气象预报为防凌提供技术支持。但是,由于影响气象的因素极其复杂,气象预报的预见期和预报精度都受到一定的限制。对于给定的河流段,其河床边界条件也已经确定,一般很难改变。因此,利用水库调度改变进入下游河道的水动力和影响库区段河道边界及外界动力在防凌工作中具有极其重要的作用,科学做好凌汛期各个阶段的水库防凌调度工作至关重要。

7.1 黄河上中游防凌运用水库情况

7.1.1 龙羊峡水库

龙羊峡水库坝址位于青海省共和县与贵南县交界的龙羊峡峡谷进口约 2 km 处,是黄河干流上梯级开发规划中最上游的水库。龙羊峡水库以发电为主,并配合刘家峡水库担负下游河段的防洪、灌溉和防凌任务。龙羊峡水库大坝下距刘家峡水库大坝 333 km。

龙羊峡水库正常蓄水位 2 600 m,相应库容 247 亿 m³;校核洪水位 2 607 m,相应库容 274.19 亿 m³;死水位 2 530 m,库容 53.43 亿 m³。投入运用以来,最高蓄水位 2 597.62 m(2005 年 11 月 19 日),相应蓄量 238 亿 m³。龙羊峡水库水位—库容关系见表 7-1。

表 7-1 龙羊峡水库水位—库容关系

水位 (m)	库容 (亿 m³)	水位 (m)	库容 (亿 m³)	水位 (m)	库容 (亿 m³)	水位 (m)	库容 (亿 m³)
2 560	117.78	2 573	154.18	2 586	196.08	2 599	243.19
2 561	120.38	2 574	157.22	2 587	199.54	2 600	246.98
2 562	123.02	2 575	160.29	2 588	203.03	2 601	250.79
2 563	125.70	2 576	163.39	2 589	206.55	2 602	254.62
2 564	128.41	2 577	166.52	2 590	210.11	2 603	258.48
2 565	131.15	2 578	169.67	2 591	213.70	2 604	262.37
2 566	133.92	2 579	172.85	2 592	217.31	2 605	266.28
2 567	136.72	2 580	176.06	2 593	220.94	2 606	270.22
2 568	139.55	2 581	179.31	2 594	224.59	2 607	274.19
2 569	142.41	2 582	182.59	2 595	228.26	2 608	278.19
2 570	145.30	2 583	185.91	2 596	231.96	2 609	282.22
2 571	148.22	2 584	189.26	2 597	235.68	2 610	286.28
2 572	151.18	2 585	192.65	2 598	239.42		

注:库容为设计值。

7.1.2 刘家峡水库

刘家峡水库位于甘肃省永靖县境内的黄河干流上,是一座以发电为主,兼有防洪、灌溉、防凌、养殖等综合效益的大型水利枢纽。水库大坝下距内蒙古河段的入境石嘴山水文站、头道拐水文站分别为779 km、1 441 km。

刘家峡水库设计正常蓄水位为1 735 m,相应库容40.68亿m³;校核洪水位1 738 m,相应库容44.83亿m³。投入运用以来,最高蓄水位1 735.81 m(1985年10月24日),相应蓄量41.80亿m³。刘家峡水库的水位—库容关系见表7-2。

表7-2　刘家峡水库水位—库容关系

水位 (m)	库容 (亿 m³)	水位 (m)	库容 (亿 m³)	水位 (m)	库容 (亿 m³)	水位 (m)	库容 (亿 m³)
1 720	22.95	1 725	28.18	1 730	34.18	1 735	40.68
1 721	24.00	1 726	29.23	1 731	35.26	1 736	42.06
1 722	25.04	1 727	30.47	1 732	36.35	1 737	43.45
1 723	26.09	1 728	31.71	1 733	37.43	1 738	44.83
1 724	27.14	1 729	32.94	1 734	38.51		

注:库容为2004年施测。

7.1.3　海勃湾水库

海勃湾水库位于黄河内蒙古河段上段的乌海市,是一座防凌、发电综合利用的枢纽,设计总库容4.87亿m³,最大坝高18.2 m。水库正常蓄水位1 076 m,死水位1 069 m。设计防凌库容1.8亿m³,配合龙羊峡水库、刘家峡水库承担内蒙古河段防凌任务。坝址上距石嘴山水文站50 km,下距头道拐水文站612 km。

海勃湾水利枢纽2010年4月开工建设,2011年3月水库截流,预计2014年建成运用。

7.1.4　万家寨水库

万家寨水库位于黄河中游上段,坝址左岸为山西省偏关县,右岸为内蒙古自治区准格尔旗。万家寨水库主要任务是供水结合发电调峰,同时兼有防洪、防凌任务。

万家寨水库设计总库容8.96亿m³,泥沙淤积库容4.51亿m³,调节库容4.45亿m³,当前死库容已基本淤满。

7.1.5　龙口水库

龙口水库位于黄河北干流托克托至龙口段尾部,左岸是山西省偏关县和河曲县,右岸是内蒙古准格尔旗。主要任务是发电和对万家寨电站调峰流量进行反调节,兼有滞洪削峰。坝址距上游已建的万家寨水利枢纽25.6 km,距下游已建的天桥水电站约70 km。2009年8月28日龙口水库下闸蓄水,9月18日第一台机组发电。水库正常蓄水位898 m,汛限水位893 m,总库容1.96亿m³,调节库容0.71亿m³。

7.2　水库的防凌运用方式[28,29]

　　水库修建后,通常情况下在秋季汛末大量蓄水,水温较高,在冬季凌汛期间,水库向下游泄放水量,出库水温明显高于建库前的河道天然水温。因此,水库的兴建提高了进入下游河道水体的温度,可以使下游流凌与封河日期推迟,封河距离缩短,封河上首下移。另外,水库的修建可以人工调控进入下游河道的流量,实现比较理想的封河水位,并可控制封冻期下游河道槽蓄水量的增量,减少开河时的凌汛灾害。特殊情况下,当下游出现严重冰塞或冰坝危及河道安全时,还可及时进行关闸停泄。所以说,一般情况下,水库的兴建,提高了下游河道的水温,改善了进入下游河道流量的控制条件,有利于大坝下游河道防凌。但是,如果水库调度不当,进入下游河道的流量忽大忽小,也可能加重下游河道的防凌负担。

　　由于水利枢纽的修建,大坝以上原先的河道变成了水库,水面比降变小,库区水面大,流速小,容易结冰封冻,使原来不封冻的河段变为封冻段。在水库尾部,当上游河道的流冰进入库内,受河道边界条件的影响,流速突然变小,使得进入水库的流冰在库尾段发生堆积,壅高水位,形成冰塞冰坝,造成灾害。在开河时,如果库水位过高,还可能影响库区上游河道槽蓄水量的排放,加重防凌负担。一般说来,水库的修建会增加库区的封河长度,容易造成库尾段凌汛灾害,加重了大坝以上河段的防凌负担。

　　凌汛期(11月至翌年3月)水库调度是黄河防凌工作的核心,也是防凌的重要手段。水库调度严格遵守"发电、供水服从防凌,防凌调度兼顾供水和发电,实现水资源的优化配置和合理利用"的原则。

7.2.1　刘家峡水库

　　龙羊峡水库、刘家峡水库联合承担宁蒙河段的防凌调度任务,通过控制刘家峡水库的下泄流量,为宁蒙河段防凌安全提供较为合理的水动力条件。

7.2.1.1　防凌运用方式

　　按照国务院颁布的《黄河水量调度条例》、《黄河水量调度条例实施细则(试行)》和国家防总《黄河刘家峡水库凌期水量调度暂行办法》(国汛[1989]22号)中的有关规定,刘家峡水库下泄水量采用"月计划、旬安排"的调度方式,即提前五天下达次月的调度计划及次旬的水量调度指令。刘家峡水库下泄水量按旬平均流量严格控制,各日出库流量避免忽大忽小,水库日均下泄流量较指标偏差不超过5%。其调度过程如下:

　　(1)封河前期控制,指宁蒙河段封河前期控制刘家峡水库的泄量,以适宜流量封河,使宁蒙河段封河后水量能从冰盖下安全下泄,防止产生冰塞造成灾害。

　　(2)封河期控制,指宁蒙河段封河期控制刘家峡水库出库流量均匀变化,主要目的是减少河道槽蓄水量,稳定封河冰盖,为宁蒙河段顺利开河提供有利条件。

　　(3)开河期控制,指在宁蒙河段开河期,控制刘家峡水库下泄流量,防止"武开河",保证凌汛安全。

7.2.1.2 问题与建议

1. 问题

龙羊峡水库、刘家峡水库的修建,使得宁夏河段的封河长度减小,可以进行人工控制进入宁蒙河段凌汛期的流量,为防凌提供一定的条件。但是,由于刘家峡水库距离内蒙古的防凌河段太远,水流传播时间需要1个星期以上,再加上10～11月中旬宁夏与内蒙古的冬灌大流量引水和停灌后大量的退水入黄等,影响因素多。特别是遇到气温变化异常的年份,通过刘家峡水库泄流进行内蒙古河道流量的理想控制难度很大。

由于龙羊峡水库、刘家峡水库汛期蓄水等,进入内蒙古河段的水沙关系发生了较大变化,内蒙古河段的河道淤积严重,主河槽萎缩,使得内蒙古河段凌汛期的安全封河流量变小,防凌形势趋于严峻。

2. 建议

(1)在每年黄河上游凌汛结束后,宁蒙河段灌溉引水开始前,适当加大刘家峡水库泄流量,使其较大的流量与内蒙古河段的桃汛洪水相接,以实现内蒙古河道的冲刷。

(2)早日建设黑山峡水利枢纽。龙羊峡水库和刘家峡水库距离内蒙古防凌河段太远,海勃湾水库库容太小,加上内蒙古河道的不断淤积恶化,要真正解决宁蒙河段的防凌问题,必须早日在黑山峡河段建设具有较大防凌调节库容的水利枢纽。

7.2.2 海勃湾水库

海勃湾水库位于内蒙古河段的上段,既有水库下游的防凌任务,又有满足其库区防凌安全的要求。

海勃湾水库的特点是距离内蒙古重点防凌河段较近,但调节库容较小。所以,海勃湾水库的防凌作用主要是调节封河期由于宁夏灌区引退水引起的流量波动问题,在开河时根据上游来水条件和水库的蓄水情况以及下游河段的开河形势,或当下游发生较大凌汛险情时,相机运用,发挥临时应急作用。

7.2.3 万家寨水库

万家寨水库的防凌调度运用,主要是保证库区及其附近河道段的防凌安全,根据内蒙古河段封开河情况,以水库库水位的控制调度为主。

7.2.3.1 原设计凌汛期调度运用方式

11月至翌年2月底,最低库水位970 m。封河期设计冰量为4 020万 m^3,在封冻前的流凌阶段,保持库水位975 m及其以下,冰塞壅水影响范围在拐上断面以下。待上游河道稳定封冻以后,无大量冰花进入库区时,适当抬高库水位至977 m。

3～4月初是内蒙古河段开河流凌期,开河设计总冰量6 000万 m^3。开河时采取迅速升降水位的办法,促使水库盖面冰破坏和融化。为促使库尾部盖面冰解体,便于上游流冰进入库内,应降低水位至970 m运行。水位970～980 m之间有库容2.4亿 m^3,可以拦蓄上游流冰。春季流凌结束后即可蓄到977 m,4月底前蓄至980 m。

7.2.3.2 当前运用方式

通过万家寨水库防凌运用方式研究和近年来的库区凌汛及灾害实况,当前确定的万家寨水库凌汛期的运用方式如下：

（1）封河发展期，按控制库水位 970 m 左右运行。

（2）稳定封河期，按控制库水位 972 m 左右运行；在头道拐小流量过程结束后，可按 975 m 左右控制运行。

（3）开河期，按控制库水位不超过 970 m 运行。

（4）遇特殊凌情，水库要随时降低水位。

7.2.3.3　问题与建议

（1）尽管万家寨水库的库区移民水位已由原设计的 984 m 抬高至当前的 987 m，并安置在了 990 m 以上，但仍未达到原设计的防凌运用水位。在保证库区防凌安全的情况下，有待对水库的防凌运用做进一步的观测、分析和完善。

（2）万家寨水库的运用，改变了进入黄河中、下游的桃汛洪水过程，降低了桃汛洪水冲刷降低潼关高程的作用，有必要通过调整万家寨水库桃汛期的运用方式，优化进入其下游的桃汛洪水过程。但是，也必须高度重视万家寨水库库尾段的泥沙淤积形态及变化，使得桃汛洪水有利于拐上河段的断面冲刷，防止出现库尾的异常淤积。

7.2.4　龙口水库

龙口水库凌汛期应退出原设计的发电调峰运行方式，泄流必须保持相对稳定，不能忽大忽小，以保证河曲河段和天桥库区较稳定的封冻基面，防止天桥库区及北干流河道产生凌汛灾害。

第 8 章　结论与建议

8.1　主要结论

8.1.1　万家寨水库运用对库区及河曲河段凌汛的影响

（1）万家寨水库运用对库区冰凌的影响。水库末端拐上至万家寨坝址长 72 km,水库建设前的天然河道比降为 1.07‰,水库建成蓄水后,水面比降仅 0.1‰左右,由于比降变小,河道边界条件的改变,使库区段从不封河变为每年封冻。库区回水末端流速小,输冰能力小,具有阻冰作用,容易卡冰,形成冰塞、冰坝。在坝上 58 km 附近的牛龙湾处有一 S 形弯道,加上该河段有浑河入黄口和铁路桥,由于弯道和桥墩的阻水作用,冰凌在此处下泄不畅,极易形成卡冰结坝,造成壅水,抬高水位,形成灾害。

（2）万家寨水库运用对河曲河段及天桥水电站凌汛的影响。万家寨水库的修建,减轻了河曲河段的凌汛灾害。但如果水库运用不当,可能加重河曲段和天桥水电站的防凌负担。因此,要求凌汛期间万家寨水库的泄流不要过大,控制出库流量一般不大于 1 000 m³/s,且保持相对平稳,避免忽大忽小。

（3）凌汛期间的水库运用方式。万家寨水库凌汛期间的运用原则是保证防凌安全,兼顾发电效益。根据凌汛特点,为保证库区防凌安全,采用不同凌汛阶段控制不同库水位的运用方式。在库区上游附近河段出现流凌及封河发展期,水库保持较低水位运行;进入稳封以后,适当抬高库水位,尽量多发电;开河期,要降低库水位,必要时,停止发电,保证库区防凌安全。

8.1.2　头道拐断面小流量变化规律及影响因素

（1）万家寨水库运用后的头道拐水文站小流量历时延长。1998 年之后黄河内蒙古河段凌汛首封后头道拐水文站小于 350 m³/s 的首段小流量过程持续时间明显延长,1986 ~ 1997 年的 12 个凌汛年度小流量持续时间平均为 17 d,1998 ~ 2009 年的 12 个凌汛年度平均为 39 d,两者相差 22 d;4 组不同量级范围:[300,350]、[250,300)、[200,250)和[150, 200)的小流量平均持续时间均呈现为增加。头道拐水文站小于 350 m³/s 的首段小流量天数,1998 年之后的 12 年间,有 3 个年度在 50 d 以上,分别为 2002 ~ 2003 年度的 63 d、2007 ~ 2008 年度的 54 d 和 2008 ~ 2009 年度的 53 d;而之前的 12 年中,1991 ~ 1992 年度首段小流量持续时间最长,为 37 d,其余年份均低于 30 d。

（2）气温是导致头道拐水文站小流量持续时间延长的主要原因之一。1998 ~ 2009 年间和 1986 ~ 1997 年间凌汛期首段小流量持续时间内平均气温的对比,以及历年首段小流量持续天数与同期内蒙古河段日平均气温均值的对比表明,气温偏高的年份,小流量持续天数较少,气温较低的年份,小流量持续天数增加,呈现峰谷反对应现象。这说明气温是影响小流量持续时间长短的重要原因,因为凌汛本身就是气温变化的产物。

(3)头道拐附近河段上下游河道桥梁工程的建设也是影响头道拐水文站小流量过程的重要因素。随着内蒙古经济社会的发展,三湖河口至万家寨大坝之间近年来修建了大量的公路桥与铁路桥。由于桥梁修建,特别是大桥的施工期,河道断面受到侵占,造成过流排冰不畅。对于头道拐水文站以上的桥梁,由于桥位处河道断面的压缩,使得水流不能顺利下泄,不但影响三湖河口至头道拐区间河段槽蓄水量的分布和头道拐水文站小流量过程,还影响凌汛期的首封时间和位置。例如:包西铁路通道包头—神木段黄河特大桥施工栈桥与路基对 2007~2008 年度和 2008~2009 年度凌汛、包头东兴至树林召(东达)磴口黄河公路大桥施工栈桥及上游附近浮桥对 2008~2009 年度和 2009~2010 年度凌汛、西部省际通道包头至树林召公路黄河大桥施工栈桥对 2009~2010 年度凌汛等均产生了严重影响。对于头道拐水文站以下的桥梁,则是由于桥位处河道断面的压缩,形成卡冰壅水,造成头道拐水文断面过流不畅。例如:内蒙古准格尔巨合滩黄河公路大桥施工栈桥对 2008~2009 年度凌汛就有一定的影响。

(4)上游来水减少是影响头道拐水文站小流量持续时间延长的主要原因之一。与 1986~1997 年相比,1998~2009 年内蒙古河段封河后的头道拐小流量持续时间内,相应上游巴彦高勒和三湖河口站来水均呈现下降趋势。1998~2009 年小流量持续时间内头道拐水文站均值为 259 m³/s,比 1986~1997 年均值 270 m³/s 减少了 11 m³/s,减少幅度为 4.1%;上游巴彦高勒水文站由 627 m³/s 减少到 514 m³/s,减少了 113 m³/s,减少幅度为 18%;三湖河口水文站由 474 m³/s 减少到 409 m³/s,减少了 65 m³/s,减少幅度为 14%。表明头道拐水文站小流量持续时间延长与上游来水量减少有着直接关系。

(5)河道的淤积萎缩对内蒙古河段凌汛和头道拐水文站的流量过程也有一定的影响。由于黄河上游水库的修建,进入内蒙古河段的水沙过程发生了较大变化,造成主河槽严重淤积萎缩,平滩流量不断变小。加上围河修堤等人类活动因素,对内蒙古河段的防凌及河道过流能力也必然造成不利影响,并且由于河道萎缩,河道漫滩流量降低,设计封河流量变小,迫使防凌时不得不压缩刘家峡水库泄流,使得上游站的来水量减少,进而影响头道拐水文站的流量过程。

(6)万家寨水库建成蓄水后,在距坝 53~60 km 的多弯道河段年年形成冰塞、冰坝,严重壅水淹没库尾曹家湾村附近两岸耕地和公路。在卡冰壅水严重时,水位抬升所产生的壅水效应逐渐往上游传播。如 2007~2008 年度,水泥厂处壅水后的水位抬升,随之沿程向上游的喇嘛湾、蒲滩拐、麻地壕断面的水位相继升高。另外,随着近年来万家寨水库凌汛期运用水位的逐渐抬高,头道拐水文站的小流量历时表现出了持续延长的情况。因此,不排除万家寨水库凌汛期高水位的运用和库尾冰塞、冰坝的壅水作用对头道拐水文站小流量过程持续时间延长有影响作用。但是,由于近年来头道拐附近河段上下游河道桥梁施工建设项目较多,以及影响头道拐水文站小流量过程的因素多,加上冰凌观测资料的不足,还需要进一步加强凌情资料观测,深化研究分析。

8.1.3 黄河北干流河段凌汛影响因素分析

万家寨水库运用以来,大坝下游的黄河北干流河段出现了多次凌汛灾害,比较严重的有 1999 年 2 月的天桥库区、2006 年 1 月和 2009 年 1 月壶口河段、2000 年 1 月和 2010 年 1 月小北干流上首禹门口河段的凌灾等。经过分析研究,影响这些凌汛灾害的因素主要包括以下几个方面:

(1)不利的河道边界条件。天桥水电站上游的河曲河段,河道宽浅,有河心滩,河床曲折,弯道多;壶口河段,河床较窄,瀑布跌水;小北干流上首段,黄河出禹门口后突然展宽,河道宽浅,流势散乱。以上几个河段都属于对防凌极为不利的河段,一旦遇到不利的气温条件和水动力因素,必然造成堆冰结坝,壅高水位,形成凌汛灾害。

(2)不利的气温条件。气温是影响凌汛的重要热力因素。气温下降,河道流冰增加,冰层加厚,在狭窄河段易发生卡冰现象,形成冰塞、冰坝。发生在北干流的凌灾大多都遭遇到寒流侵袭。同时,开河期气温突然升高,产生大量流冰,加上不利的水流条件,形成严重凌灾。

(3)上游来水量偏少。河道流量大小是影响河道凌汛的主要动力因素,其他条件相同的情况下,流量越大,越不利于封冻。1998～2009 年间与 1986～1997 年间相比,每年 12 月至翌年 2 月的流量多年平均值明显减少,其中头道拐水文站流量由 455.09 m³/s 减小为 336.08 m³/s,减少了 26%。沿程的河曲、府谷、吴堡和龙门站流量分别减少 30%、27%、23% 和 25%,河道流量的减少对北干流河段的防凌工作十分不利。

(4)万家寨水库的运用对北干流河段的凌汛也起了重要作用。水库的蓄水运用,一方面将上游河段的冰凌拦截在库内,使河曲河段外来冰凌压力明显减轻;在封河期,大坝底孔泄流水温提高,使河曲河段的初封日期、稳封日期明显推迟,开河日期提前,封冻期缩短,冰厚度减小,储冰量减少。另一方面水库改变了其下游河道的水流动力条件,如果调度不当,势必对下游河道防凌造成不利影响,甚至形成凌汛灾害。万家寨、龙口水库事故备用和调峰发电运行方式使水库下泄流量变幅明显增大,进入下游的流量日际、日内变幅大幅度增加;流量忽大忽小,小流量极易封冻,大流量可对已形成的冰层产生破坏。遇到不利的天气条件,几百千米长的河道就成了一个大的造冰场,再遇到特别不利的河道边界条件,就会形成冰塞、冰坝,造成严重的凌汛灾害。

8.1.4 万家寨水库淤积形态

(1)万家寨库区非汛期冲淤变化主要受入库水沙条件和水库运用方式两方面的影响。万家寨水库的淤积为三角洲形态,目前三角洲顶点已推进到距坝 22 km 附近,泥沙淤积量为 4.135 亿 m³,剩余淤沙库容 0.375 亿 m³。整个三角洲淤积体分布在距坝 60 km 范围以下,坝前(距坝 20 km 以内)剩余 0.280 亿 m³ 左右的死库容未淤积,距坝 30～60 km 已接近设计淤积平衡高程,距坝 60 km 以上库区基本冲淤平衡,局部河段高出设计的淤积平衡线。水库淤积呈现出"汛期淤积,非汛期桃汛洪水冲刷调整"的特点。

(2)万家寨水库泥沙淤积与入库水沙条件密切相关。水沙量的增加加重了汛期水库的淤积,但却有利于非汛期淤积形态向坝前调整;大于 1 000 m³/s 流量过程持续时间越长,越有利于泥沙冲刷调整。1999 年以来头道拐全年最大流量均出现在凌汛开河期,在汛期洪水场次减少和洪峰流量减小的情况下,凌汛开河期洪水过程对库区冲淤和河床演变起到至关重要的作用。

（3）万家寨水库泥沙淤积与水库运用方式密切相关。坝前水位高，淤积重心偏上，坝前水位低，淤积重心偏下，有利于冲刷调整。开展桃汛洪水冲刷潼关高程试验以来，万家寨库区的淤积量没有增加。万家寨水库运用没有对拐上断面造成影响，拐上断面附近河段仍属天然河道。

8.2　建　议

万家寨水库、龙口水库调度需综合考虑黄河上游宁蒙河段和水库下游北干流河段的防凌安全，尽量改善库区的淤积形态，兼顾水库发电效益。根据研究结果，提出以下几点建议：

（1）抬高库区移民高程。在设计的移民高程条件下，万家寨水库凌汛期不可能按设计运行方式运行，经济效益损失较大，宜抬高库区移民水位。分析认为，应尽快把移民线由原设计的984 m提高到987~988 m，但不要把移民安置在990 m以下。待移民线提高以后，逐步抬高水库的防凌运用水位，经过观测与分析，争取在非严重凌情下，使水库按原设计水位运用。本建议已经被建设单位采纳，现在的移民线提高到了987 m。

（2）万家寨水库调度要充分考虑黄河宁蒙河段凌情的发展不同阶段，采取不同水库运用水位，减少对库区凌汛的影响，以确保防凌安全。建议近期的运用方式为：①封河发展期，按控制库水位970 m左右运行；②稳定封河期，按控制库水位972 m左右运行，在头道拐小流量过程结束后，可按975 m左右控制运行；③开河期，按控制库水位不超过970 m运行；④遇特殊凌情，水库要随时降低水位。经过运行实践和总结研究，逐步调整运行水位，以期实现原设计的运行方式。

（3）龙口电站凌汛期间应退出电力调峰，保持出库流量相对平稳。由于龙口水库是万家寨水库的反调节水库，应开展万家寨与龙口电站的联合调度。凌汛期间，万家寨水库日内调度基本不受约束，可进行调峰发电和电网事故备用；龙口水库机组不应参与电网事故备用并尽量退出调峰发电，尽可能减小下泄流量的日际与日内变化幅度，为黄河北干流防凌安全提供较为理想的动力条件。

（4）尽快研究调整万家寨水库主汛期调度运用方式，适时开展降低水位排沙，以改善库区泥沙淤积形态。根据原设计，水库达到淤积平衡以后，水库运用方式必须进行调整，8~9月要降低水位排沙。目前，水库拦沙库容已基本淤积完毕，应根据近期黄河实际来水来沙情况，尽快开展研究水库排沙调度方案。

（5）在保证防凌安全的情况下，可研究适当加大内蒙古河段凌汛期的河道流量。宁蒙河段主河槽萎缩，平滩流量降低，使设计的内蒙古河段凌汛期封河流量不得不减小。由于凌汛期进入内蒙古河段的水量减少，影响头道拐水文站小流量过程，又不利于防凌，出现了恶性循环。因此，可以适当考虑进行加大凌汛期进入内蒙古河段流量的尝试。

（6）尽量在内蒙古河道开河后，加大刘家峡水库泄流量冲刷宁蒙河道。目前，开展全河调水调沙还不现实。应该在内蒙古河道凌汛结束之后，宁蒙春灌开始之前，适时并适当加大刘家峡水库泄流量，使之与桃汛洪水衔接，形成一场具有一定冲刷能力的洪水过程，冲刷改善宁蒙河道。

(7)加强河道及跨河工程建设管理。河道内人类活动(如生产堤等)和跨河建筑对内蒙古河道防凌影响较大,必须加大管理力度,尤其是跨河工程的施工度汛方案,应严格审查把关,开展凌汛前的检查和清障,消除其对防凌的不利影响。

(8)调整万家寨水库桃汛期的运用方式,以简单、有效、负效益最小为原则。当桃汛洪水开始进入万家寨水库时,在保证库区防凌安全的前提下,控制万家寨适当的库水位不变,使水库进、出库流量平衡;在头道拐水文站实测洪峰流量出现后,开始降低万家寨的库水位在洪峰附近段适当补水,优化桃汛洪水过程,既降低万家寨库区的凌汛灾害风险,又实现桃汛洪水冲刷降低潼关高程的目的。

8.3　北方河流上水库对河道凌情的影响及水库运用方式

河道凌情的影响因素主要有热力、动力、河道边界条件三个方面,由于在北方结冰河道上建设水库,在一定程度上对大坝上、下游河道凌情的影响因素有所改变,因此水库建设对水库所在河道上、下游的凌情均有影响。

8.3.1　水库对上游河道凌情的影响及其防凌运用方式

(1)水库对上游河道凌情的影响。河流上修建水库,由于水库的蓄水,库区水位壅高,比降变缓,流速变小,从而影响库区及上游河道的凌情。库区水面大,流速小,库区河段一般变为常封冻段,加上上游来冰,通常封河早,开河晚。在库区回水末端,河道比降由陡变缓,流速由大变小,上游来冰不能顺利下泄,容易形成冰塞、冰坝,壅高水位,发生灾害。总之,由于水库大坝的修建,从根本上改变了原河道的排冰条件,坝上河道的水流动力因素和河道边界对输冰排凌的条件恶化,使得库区河段凌情加重,凌汛灾害发生概率增大。

(2)水库对库区的防凌调度。水库的修建对库区防凌具有不利的影响,尤其是在流凌期和开河期,易在库尾形成冰塞或冰坝,库水位不能太高。因此,每年凌汛期间不同阶段库水位的控制非常关键。一般情况下,流凌及初封期—稳封期—开河期—畅流期四个阶段的库水位,应根据库区移民及淹没损失情况,采取较低—较高—低—高的库水位控制运用方式。例如,万家寨水库2003~2004年度的防凌方案在以上各个阶段的控制运用水位分别为965 m、970 m、960 m、977 m(正常蓄水位)。

对于V形河槽,开河期可以采取变动库水位、破坏冰盖的办法,加大库区开河速度。对于具有排冰能力的枢纽,可设法排冰。

8.3.2　水库对下游河道凌情的影响及其防凌运用方式

(1)水库对下游河道凌情的影响。水库的建成蓄水,拦截了上游河道的来冰,加上下泄的水库蓄水,水温较高,一般说来,水库建设对下游河道防凌有利,使得下游河段封冻长度减小、凌汛时间缩短、冰厚变薄,凌汛灾害减少。但是,如果水库泄流调度不当,反而会加重下游河道的凌汛灾害。

(2)水库对下游河道的防凌调度。水库对下游河道的防凌调度,关键是控制凌汛期的流凌及初封期、稳封期、开河期不同阶段的水库下泄流量的大小及平稳性。具体调度要求如下：

①封冻前控制运用。目的是充分发挥水库泄流的水动力抵制河道封河，使河道推迟封河或保持封冻冰盖下具有较大的过流能力。首先应分析下游河道当年的过流和排冰能力，确定防凌河段的河道安全封河流量，即设计封河流量。根据水库至防凌河段的水流传播时间，考虑区间河道的来水和引水，控制水库下泄流量，以实现防凌河段按设计封河流量封河；也可以根据气象预报和调度经验，通过加大水库泄流量，推迟或避免河道的封冻。

②初封期水库调度。河道封冻之后，水流边界条件发生明显改变，水位上升，湿周加大，水力半径减小，水内冰侵占部分过水断面，糙率加大，过流能力变小，加上初封时期，由于冰盖薄，易形成冰塞，应减小水库泄流，一般可按封河流量的70%～80%控制。

③稳定封河期的调度。随着封河的稳定和过流能力的恢复，可逐步加大水库泄流量，在河道槽蓄水增量不太严重的情况下，可以按照封河流量的80%～90%控制水库泄流，以实现河道冰盖的稳定，并控制河道槽蓄水增量。封河期的流量不能太大或太小，并尽量保持平稳，太大易鼓开冰盖，造成冰塞；太小易使封冻的冰盖下沉，减小后期的河道过流能力。

④开河期的控制运用。开河时，河道槽蓄水增量大量释放，出现凌峰流量。一般情况下，凌峰的出现加剧开河的速度，凌峰会沿程增加，不断加大。容易形成冰凌堆积，形成冰坝，抬高水位，造成灾害。因此，开河时为了使河道槽蓄水量的逐渐释放，避免"武开河"，必须进一步减小水库泄流量。必要时，可考虑关闭水库全部闸门，切断河道的后续水动力，使河冰就地消融，争取实现"文开河"。

总之，水库的修建对上、下游河道的凌汛都有一定的影响，一般说来，对库区凌汛灾害是加剧的，对下游河道的凌汛灾害是减轻的。水库调度是开展河道防凌的关键工作和有效手段。水库对于下游河道防凌的调度，主要是控制进入防凌河段不同凌汛阶段流量的大小与平稳性；对于库区上游河段的防凌调度，主要是控制不同凌汛阶段库水位的高低。

黄河由于地理条件特殊，其凌汛特性具有典型性和代表性。万家寨水库又是当前唯一一座在黄河防凌河段上的大型水库，既有库区上游河段的防凌任务，也不下游河道的防凌任务。因此，该水库的防凌运用方式研究成果对于其他河流上有防凌任务的水库调度也具有一定的指导与借鉴作用。

参考文献

[1] 黄河万家寨水利枢纽有限公司. 万家寨水利枢纽工程:设计工作报告[R]. 太原:黄河万家寨水利枢纽有限公司,2002.

[2] 黄河万家寨水利枢纽有限公司. 万家寨水利枢纽工程:库区防凌专题工作报告[R]. 太原:黄河万家寨水利枢纽有限公司,2002.

[3] 马喜祥,熊运阜,徐伟,等. 万家寨水库冰情浅议[J]. 泥沙研究,2003.

[4] 水利水电部水文水利调度中心. 黄河冰情[R]. 北京:水利水电部水文水利调度中心,1984.

[5] 姚惠明,秦福兴,沈国昌,等. 黄河宁蒙河段凌情特性研究[J]. 水科学进展,2007.

[6] 水利部黄河水利委员会. 黄河河防词典[M]. 郑州:黄河水利出版社,1995.

[7] 张学成,潘启民,等. 黄河流域水资源调查评价[M]. 郑州:黄河水利出版社,2006.

[8] 郑利民,曹惠提. 需求侧管理技术在黄河水资源管理中的应用[J]. 中国水利,2006(5).

[9] 王玲,等. 黄河凌情资料整编及特点分析:黄河下游部分[R]. 郑州:黄河水利委员会,2006(6):7.

[10] 董雪娜,林银平,李雪梅,等. 黄河下游凌情特征及变化[J]. 水科学进展,2008(11):882-887.

[11] 李雪梅,林银平,李玉山,等. 近20年来巴彦高勒—头道拐河段淤积成因分析[J]. 人民黄河,2009(8):324-330.

[12] 刘晓燕,侯素珍,常温花. 黄河内蒙古河段主槽萎缩原因和对策[J]. 水利学报,2009(9):1048-1054.

[13] 王平,侯素珍,楚卫斌. 黄河内蒙古段凌期槽蓄增量变化与影响因素[J]. 人民黄河,2011(9):19-21.

[14] 郝建忠,熊运阜. 冰凌对万家寨水利枢纽效益的影响及其对策[J]. 水利建设与管理,2000(5):45-46.

[15] 翟家瑞,郝守英,可素娟. 对万家寨水库凌汛期运用若干问题的认识及建议[J]. 人民黄河,2002(3).

[16] 张志明,张武中,冯庆玲. 黄河万家寨水库冰情对回水末端的影响[J]. 内蒙古水利,2006(2).

[17] 郭德成,马全杰. 2002~2003年度黄河宁蒙河段凌汛特点分析[J]. 内蒙古水利,2003(4):42-43.

[18] 苏军希,张亚霞. 黄河宁蒙段2002~2003年度凌汛特点分析[J]. 甘肃水利水电技术,2003(12):353-354.

[19] 黄河水利委员会防汛办公室. 2002~2003年度黄河凌汛技术总结[R]. 郑州:黄河水利委员会,2003.

[20] 黄河万家寨水利枢纽有限公司工程咨询分公司. 黄河万家寨库区2002~2003年冰情测量成果报告[R]. 太原:黄河万家寨水利枢纽有限公司工程咨询分公司,2003.

[21] 黄河水利委员会防汛办公室. 2007~2008年度黄河凌汛技术总结[R]. 郑州:黄河水利委员会,2008.

[22] 鄂尔多斯市水文勘测局. 岔河口冰情站2007~2008年整编成果[R]. 鄂尔多斯:鄂尔多斯市水文勘测局,2008.

[23] 黄河水利委员会防汛办公室. 2008~2009年度黄河凌汛技术总结[R]. 郑州:黄河水利委员会,2009.

［24］鄂尔多斯市水文勘测局. 岔河口冰情站 2008～2009 年度整编成果［R］. 鄂尔多斯：鄂尔多斯市水文勘测局，2009.

［25］王平，侯素珍，林秀芝. 黄河小北干流近期冲淤演变特点［J］. 人民黄河，2010（10）.

［26］翟家瑞，任伟. 万家寨水库运用对桃汛降低潼关高程的影响［J］. 泥沙研究，2005（2）.

［27］翟家瑞，任伟. 利用桃汛洪水冲刷降低潼关高程试验的思考［J］. 人民黄河，2008（2）.

［28］翟家瑞. 黄河防凌与调度［J］. 中国水利，2007（3）.

［29］翟家瑞. 黄河防凌水量调度工作回顾［J］. 人民黄河，2000（4）.